光明社科文库
GUANGMING DAILY PRESS:
A SOCIAL SCIENCE SERIES

·政治与哲学书系·

实践智慧与德性培育
古典伦理思想的当代启示

杨之林 | 著

光明日报出版社

图书在版编目（CIP）数据

实践智慧与德性培育：古典伦理思想的当代启示 /
杨之林著 . -- 北京：光明日报出版社，2024.4

ISBN 978 - 7 - 5194 - 7941 - 1

Ⅰ.①实… Ⅱ.①杨… Ⅲ.①古典哲学—伦理思想—
研究—中国 Ⅳ.①B82

中国国家版本馆 CIP 数据核字（2024）第 091678 号

实践智慧与德性培育：古典伦理思想的当代启示

SHIJIAN ZHIHUI YU DEXING PEIYU：GUDIAN LUNLI SIXIANG DE
DANGDAI QISHI

著　　者：杨之林			
责任编辑：杜春荣		责任校对：房　蓉　李佳莹	
封面设计：中联华文		责任印制：曹　净	

出版发行：光明日报出版社

地　　址：北京市西城区永安路 106 号，100050

电　　话：010-63169890（咨询），010-63131930（邮购）

传　　真：010-63131930

网　　址：http：//book. gmw. cn

E - mail：gmrbcbs@ gmw. cn

法律顾问：北京市兰台律师事务所龚柳方律师

印　　刷：三河市华东印刷有限公司

装　　订：三河市华东印刷有限公司

本书如有破损、缺页、装订错误，请与本社联系调换，电话：010-63131930

开　　本：170mm×240mm

字　　数：155 千字　　　　　印　　张：12.5

版　　次：2024 年 4 月第 1 版　　印　　次：2024 年 4 月第 1 次印刷

书　　号：ISBN 978 - 7 - 5194 - 7941 - 1

定　　价：85.00 元

目 录
CONTENTS

导　论

　　德性教育是维护社会发展与稳定的动力因，良好的德性教育是提升公民道德修养和保障社会有序发展的关键。其中，实践智慧既是提升个体道德修养的理性基础，也是实现社会正义的现实应用和重要手段。古典德性教育主张通过对不成文的风俗习惯的训导来培养个体行为习惯中的道德倾向，从而使道德主体运用实践智慧实现情感、能力与欲望的协调和平衡。德性培育是社会伦理治理的重要组成。如今，国家治理体系与治理能力现代化推动着国家治理的"善治"实现，立足于亚里士多德式的实践智慧研究，重新思考古典德性培育的内在逻辑，并以"善治"为最终诉求来研究个体修养与社会正义的德性培育与实现，有利于我们更深刻地理解实践智慧与当代"善治"的辩证关系。这对现代社会公民德性培育理论与实践的建构具有重要的参考价值，也为当代社会伦理治理提供新的启示。

一、关于"实践智慧"

　　实践智慧的理念承载着一系列物质文明和精神文明的传统，基于实践智慧的反思深深地根植于人类文化的历史长河中。关于"实践智慧"的研究雏形来自苏美尔文明时期日常生活中的实践经验与哲学思考。以同样的方式，古埃及人在他们的"智慧文本"中，以父辈教导的方式，强调像耐心、正直这类实践德性的重要作用，并将这类文化知识传递给他们的后人。同样重要的还有来自东方对实践智慧的古老理解。尤其引人注目的是，他们实践性地聚焦于具体的社会化组织活动以及对实践智慧的情感与认知方面的复杂见解。

实践智慧最初由古希腊词 *phronesis* 演变而来。古罗马哲学家西塞罗（Marcus Tullius Cicero）将亚里士多德（Aristotle）的 *phronesis* 概念翻译成拉丁语的 providentia，他重新解读了实践智慧中深谋远虑的一面，并同智力与记忆力联系在一起。到了中世纪，providentia 被进一步地改写成新的拉丁语词 prudentia。托马斯·阿奎那（Thomas Aquinas）整合了古希腊哲学与基督教神学的信仰与传统，从而系统地将这一转型研究推向高潮。他承接了亚里士多德传统，以拉丁语 prudentia 补充了亚里士多德的 *phronesis* 概念。他描述实践智慧为"在行为事务方面的正确的理性"，即应用普遍的知识在特定的事例当中。阿奎那认识到"成为审慎的或实践上智慧的"同"成为善的"之间存在一种强烈且解不开的关联。在启蒙运动初期，以蒙田（Michel Montaigne）为代表的文艺复兴后期思想家们从一种更为世俗的视角来审视实践智慧的概念，他们将实践智慧同秉承着自然本性、自我认知、知识世界以及自我管理的生活联系在一起。自此，实践智慧被归入世俗的慎思概念之下，被简化为一种技术性聪明，最终成为人类卓越性的参考标准。因此，虽然德性问题的讨论在启蒙时期哲学中特别是康德时期仍然存在，但在 19 世纪到 20 世纪初，实践智慧的概念探究已经不再是哲学思考的主题。

这种情况直到最近十几年才发生变化，学术界一方面表现出对这一古代论题持续增长的兴趣，另一方面逐渐开始注重在制度规范内对实践智慧的研究应用。海德格尔（Martin Heidegger）是第一个认识到亚里士多德关于 phronesis 的分析有着深远的本体论意义的学者，并且首先发起复兴这一概念的研究。伽达默尔（Hans Gadamer）也赞赏亚里士多德的实践智慧思想，并且将其作为《真理与方法》中所提出的"诠释学路径"的理论渊源。此外，德国哲学家舍勒（Max Scheler）在其著作《论道德重建》（On the Rehabilitation of Virtues）中重新燃起了对德性伦理学的兴趣。麦金泰尔（Alasdair MacIntyre）划时代的著作《德性之后》使得德性伦理学重新登上舞台中心。以麦金泰尔为代表的社群主义者认为，人们应该把对自由权利的关注转移到对公共利益甚至是重新回到对共同目的、共同理想的关注上来，不断地纠正自由主义思想所带来的消极后果，以共同体的伦理价值来引导人们过一种德性的生活，真正实现自己的价值。

在这一过程中，对实践智慧的研究开始表现出明显的复苏。从亚里士多德那里继承的实践智慧传统被不断加强和巩固，并由此产生了大量的关于这一概念的新讨论。比如，德国哲学家马丁·赖恩海默（Martin Rhonheimer）在他的著作《实践的理性与实践的合理性》中倡导一种现代的、完全基于实践智慧规范理论的德性伦理学方法。加拿大学者埃利特试图重新解读亚里士多德的 phronesis，实践智慧既被解读为社会实践的一种德性，也被视为一种慎思判断的能力。埃利特同时强调，在今天所处的后启蒙时代，有必要重新阐述古代思想观念，并且为了使个人能够理性地生活，应当接受现代多样性视角下的实践智慧。①

西方传统哲学中，亚里士多德是较早地对实践智慧的构成要素进行系统化研究的学者。亚里士多德在《尼各马可伦理学》的第五章将实践智慧归结为五种理智德性中的一种。一方面，亚里士多德将"科学

---

① KINSELLA E A，PITMAN A. Phronesis as Professional Knowledge：Practical Wisdom in the Professions［M］. Rotterdam：Sense Publishers，2012：16-21.

知识""努斯"（又称"直觉理性"）和"理论智慧"等理智德性描述为"通过他们我们沉思那些始因不变的事物"。哲学家阿那克萨戈拉和泰勒斯都是有智慧的，他们因其理论的超脱性而著名。但亚里士多德认为他们所研究的这类理智德性是"无用的"，其并不涉及人类自身的社会实践活动。另一方面，亚里士多德强调"技艺"（又称"技术理性"）与"实践智慧"（phronesis）（又称"明智"）的重要性。这两种实践德性都关心多样且可变的事物，而这些事物又同人类事务相关联，特定的情境或者具体的历史事件能够随时被控制、选择、开创、构建、改变或发展。当技术理性计算出预期的因果链以便获得预期的结果时，实践智慧思考的是既对个人也对共同体而言"什么样的事物有益于总体上善的生活"。这种思考超出了实现某个目的的精算，不仅是思考具体的特殊性，而且也考虑到伦理目的。总的来说，亚里士多德式的实践智慧首先需要开放性地去接受并理解每一个如其所是的特定情况，其次要依赖伦理知识与经验去选择并应用适宜的方式，最后需要个体具备良好的品性去明确目的的正确性。实践智慧、目的善与适度是亚里士多德伦理论思想的核心意涵和逻辑构成要素，这些核心意涵是对苏格拉底与柏拉图思想的继承发展。苏格拉底通过特定的对话活动来追求德性知识或本质，这深刻影响了亚里士多德的实践智慧转向。苏格拉底对话中展现的实践智慧过于重视通过理性审察得出普遍性知识，而忽略了非理性因素与具体情境对道德活动的影响。亚里士多德的伦理思想也批判性地继承了柏拉图的正义理念。与柏拉图的理想化设计不同，亚里士多德更为强调"善"的理念与实践之间的辩证关系与相互作用。

在中国传统文化中，道教哲学将直觉与同情心看作得到智慧的第一步，而中国古代经典《易经》也指出在谦逊等德性中，居间而不走向极端对于个体的实践智慧来说是至关重要的。中国传统哲学并没有严格区分理论智慧以及同技艺相区别的实践智慧，或者说，"中国传统学术所推崇的智慧主要是实践智慧，尽管其中也包含着不少理论性因素，还牵涉到一些制作性因素"①。中国关于实践智慧的概念研究主要有综合性与实证主义特征。一方面，实践智慧体现在认知的过程中，不仅仅以认知和知识结构为中心，同时更多地围绕着情感的经验展开。如道教哲学的直观体悟，把直觉与同情心视作获得实践智慧的第一步。另一方面，实践智慧的实用主义特征体现在实践智慧受到家庭与宗亲的重视并传承下来，而形成有用的、结构性的知识体系。②

二、关于"德性教育"

教育的目标是促进人的智力、道德、技能以及品格各方面的全面发展，知识的传授依靠教育。关于教育是传授技艺还是传授德性的知识，古希腊时期哲学家们的立场各有不同。

普罗泰戈拉（Protagoras）以一名智术师的身份公开承认自己以智慧教育世人。他以传授修辞术为业，用技艺传授取代德性教育。智者学派将技艺等同于智慧或知识，主张教育传授的是与他人进行争论的一般性技巧以及有助于这种技艺的一切知识，意图就在于造就一种"对任何主题进行争论的能力"，以达到在演说或辩论中通过说服的技艺来"清除群众的偏见"，最终实现"保卫法律、风尚和传统道德"的目

---

① 徐长福. 我们为什么需要实践智慧？——全球化进程中的中国教训 [C]. "实践智慧与全球化实践"国际学术研讨会论文集. 中山大学实践哲学研究中心，2012：4-22.

② TAKAHASHI M, OVERTON W F. Wisdom：A Culturally Inclusive Developmental Perspective [J]. International Journal of Behavioral Development，2002，26（3）：269-277.

的。① 普罗泰戈拉所认为的智慧是拥有技艺的知识。他从神话中盗取了技艺，便认为一切教育问题都可以通过法律和演讲来解决，而这类知识仅仅是用于争论的、表面的知识，而非真实的知识。

从"政治技艺是否可教"到"德性是否可教"，苏格拉底在继承了普罗泰戈拉的"说服教育"之后，提出公民教育是一种知识教育，也更加严格且抽象地将德性与知识概念等同。人人都具有潜在的正义和勇敢这类品质。仅仅依靠修辞术来说服人们、进行教育，是不充分的，因为技艺的知识是有限的，拥有了技艺的知识并不能从根本上解决教育上的问题。苏格拉底提出德性的本质是知识，认为只有习得了关于德性的专门知识，才能够获得有益的道德实践，实现自我认识。给知识赋予德性内涵，是苏格拉底公民教育的主要特征。

柏拉图在谈到教育时，明确指出教育的重点不应是获得技艺，而是提供正确的教养。柏拉图否认修辞的教育意义，他认为"智者传授青年人法庭论辩的技巧以及获得民众拥护的演说才能，他们看似能很快获得城邦生活中的影响力，但因为缺乏知识和德性，他们无法获得真正的幸福"②。真正的教育不应该是枯燥的说课教育，"教育的总和与本质实际上就是正确的训练，要在游戏中有效地引导孩子们去热爱他们将来要去成就的事业"③。柏拉图强调"寓教于乐"的重要性，若能在游戏训练中培养出孩童与未来职业相关的兴趣爱好，那么他们长大之后就能很快胜任这一职业，并使之成为自己的理想职业。显然，柏拉图所倡导的真正的教育虽然同技艺相关，但技能教育并不能获取"善"。获取

---

① 柏拉图. 柏拉图全集：第 3 卷 ［M］. 王晓朝，译. 北京：人民出版社，2012：22-26.

② 张轩辞. 古希腊修辞学与德性教育 ［N］. 中国社会科学报，2016-12-05（1102）.

③ 柏拉图. 柏拉图全集：第 3 卷 ［M］. 王晓朝，译. 北京：人民出版社，2012：389.

"善"首先从培养关于痛苦和快乐的意识开始。德性教育的关键首先在于培养苦乐感、节制和理性思维。最初的教育是在孩童时期对苦乐观念进行正确的约束，形成良好的习惯，当人到达获得理智的年龄时，这些感觉便会同理智保持一致，作为一个整体成就美德。柏拉图认为个人获得的教育是一种整全的教育，职业教育为的是获取财富、权力或技艺，而整全的教育能够造就举止高贵的"好人"，甚至是能够"高贵地战胜敌人"。①

　　亚里士多德继承了柏拉图关于德性教育的观点，但又有所批判和反思。一方面，在对待修辞的态度上，亚里士多德肯定了修辞学在德性教育上的积极作用，并对修辞概念进行了系统论述。人天生要过共同的生活，从人的社会属性出发，正是特有的语言功能使人具备政治生活的能力。通过语言的表达，人学会辨别是非善恶、评判正义与否，由此构成了个体社会交往的内在要求。"修辞不仅可以参与到德性教育当中，而且对演说者品格也很重视，意味着修辞自身蕴含着德性的要求"。② 另一方面，在实践性层面，亚里士多德强调了实践智慧在培养个体德性修养中起着重要作用。德性是知识性的，所以是可教的。实践智慧参与到德性教育当中，主体不仅获得了技能，还拥有了运用适当手段、基于正确目的选择行为的慎思能力，这种能力通过行为习惯来完善并贯穿"好的生活"的始终。

---

① 罗峰，林志猛. 柏拉图论立法与德性教育 [J]. 北京大学教育评论，2018，16（03）：132-143.
② 张轩辞. 古希腊修辞学与德性教育 [N]. 中国社会科学报，2016-12-05（1102）.

三、当代德性伦理学研究

（一）　对实践智慧概念的再解读

新亚里士多德主义的兴起是以 1958 年伊丽莎白·安斯康姆（E. Anscombe）发表的《现代道德哲学》一文为标志，现代学术界一般把其作为当代德性伦理学复兴的起点。之所以要向亚里士多德回归，原因是他们相信复归古典德性伦理思想有助于克服近代以来启蒙主义、自由主义的兴起所带来的种种在人们的道德生活和政治生活中产生的所谓现代性问题。安斯康姆试图纠正现代伦理学的发展方向，她认为现代道德哲学的基本概念及其论证存在着许多缺陷，其中现代道德哲学中的基本概念，如责任、义务，是与应该之类的概念源于基督教的伦理律法，它们只是那种曾经存在而现在已经消失了的伦理观念的残存物。如果不能恢复实质性的道德观念，继续沿用这些形式化的分析性概念是有害而无益的，"除非我们拥有一种令人满意的心理哲学"①。她主张注重对亚里士多德传统和分析传统的融合，并对行动者进行哲学思考。也就是说我们应像亚里士多德那样，在传统的德性伦理学下，集中研究如勇敢、正义、友爱等这些现代的伦理学中没有严格定义的德性概念，并以此来实践和评价我们的行为，这一思想对于当代德性伦理学具有开创性的影响。

深受海德格尔的影响，德国复兴亚里士多德实践哲学的核心人物伽达默尔（Hans-Georg Gadamer），将实践智慧（*Phronesis*）作为其关注的中心。从实践哲学的角度对亚里士多德正义理论进行论述的还有德国

---

① ANSCOMBE G E M. Modern Moral Philosophy［J］. Philosophy, 1958, 33: 1-19.

学者奥特弗里德·赫费（Otfried Haffe）的《实践哲学：亚里士多德模式》。美国学者伯纳德·雅克（Bernard Yack）从正义与共同体的角度研究亚里士多德的政治思想。① 威廉·布鲁姆则从正义理论的不确定性出发来研究实践智慧。②

伽达默尔在其代表作《真理与方法》中试图用实践智慧来解释人类的生存困境。科学主义侵蚀着人类的内心，"科学技术不仅统治了自然，也控制了人类，这导致了传统实践概念的衰落，实践成为科学技术的应用，专家的知识和判断取代了实践智慧"③。亚里士多德的实践智慧指向一种社会共同体所普遍认同的目的善。他强调，人受实践理性指导的不是应用规范之类的事情，而是在具体的实践活动中对复杂的情况进行正确思考，并在自由选择之中把握实践的善。这种实践理性根植于人的伦理生活，并在生活实践和习俗传统中形成。

萨尔科沃（Stephen Salkever）的亚里士多德主义和努斯鲍姆有许多共同之处。他转向亚里士多德是出于对主流的哲学社会理解和解释的憎恶，诸如科学演绎主义或文化相对主义，以及作为一种政治哲学的自由主义在伦理上的贫乏。但是，他对这些问题的视角根源于施特劳斯（Leo Strauss）的著作，这一视角强调亚里士多德目的论的自然主义向度。施特劳斯的基本论证为萨尔科沃的工作提供了一种可行的解释性架构，但后者的著作更具有创造性。在《寻找中道：亚里士多德政治哲学中的理论和实践》中，萨尔科沃提供了一种"典型的亚里士多德式

---

① YACK B. The Problems of a Political Animal：Community，Justice，and Conflict in Aristotelian Political Thought ［M］. Berkeley：University of California Press，1993.

② KRAMNICK I. Essays In the History of Political Thought ［C］. Englewood Cliffs：Prentice-Hall，1969.

③ 邵华. 当代亚里士多德主义的复兴 ［J］. 北京理工大学学报（社会科学版），2013，15（06）：145-151.

的伦理学和政治学问题的研究方法"。理由是"亚里士多德式的实践哲学为当代对自由民主制的讨论提供了一套合理和恰当的术语与问题",它为人类提供了一种生物学式奠基的、非还原主义的自然科学和一种目的论的、非独断论的人类道德概念。

基于政治判断力的视角,理查德·卢德曼(Richard S. Ruderman)认为,近年来对实践智慧概念的复兴不是要复兴亚里士多德,而是为了迁就后现代主义对理性的批判和民主对政治差异性的厌恶。这些思想家认为实践智慧是理性的解毒剂,而如此对理论理性进行评价被认为是对政治有害且不正当的。因此,他提出古典学者之所以转向亚里士多德,并试图从他的实践智慧中发现一种政治判断模式,就是因为他们认为纯粹理论或者科学从根本上败坏民主的政治生活,从而需要寻求一种新的政治思维。①

(二) 对古典德性伦理学的回归

曾经极大地促进了对亚里士多德伦理学研究转向的单本著作是阿拉斯代尔·麦金泰尔1981年所著的《德性之后》。这本书梳理了西方德性观念的发展历史,并引发了一股德性伦理学的研究热潮。麦金泰尔在书中指出当代道德哲学所出现的深刻危机。普遍道德标准的丧失、道德情感主义的盛行、道德话语的混乱都是那个曾经的整体性道德语境之丧失与破碎的结果。② 而其根本原因在于拒斥了古典时期以亚里士多德为代表的德性伦理学传统,抛弃了亚里士多德哲学中的目的论和德性论。

拥有德性是人类社会实践所要追求的最终目标,善的生活在于合乎

---

① 理查德·卢德曼. 亚里士多德与政治判断力的复兴 [J]. 吕春颖,译. 马克思主义与现实,2013 (03):64-71.

② 韩国庆. 道德合理性的重建:麦金泰尔道德哲学研究 [D]. 上海:复旦大学,2012.

德性，而这种生活只存在于共同体当中。"在这个传统中人并不是抽象的个体，而是作为社会角色而存在，与共同体和社会环境有着内在的血肉联系。"① 麦金泰尔以非历史的问题形式"尼采还是亚里士多德？"，向 20 世纪末的西方学者提出了道德抉择。除非我们返回到亚里士多德的传统中，让这种传统在罗尔斯式自由主义的一个更大的伦理德性的语境中找到一个居于从属的位置，否则，尼采对现代道德的批评将取得胜利。麦金泰尔一直寻求将亚里士多德方案中的理性确立为理性传统或者理性探究传统的一个典范，这一传统只是他在其 1988 年的《谁之正义？何种合理性？》一书中所描述的四种传统中的一种。其他几种是托马斯主义、苏格兰启蒙主义和自由主义。他把亚里士多德主义确立为一种理性传统的做法，为他概括其他几种传统的合理性提供了模式。麦金泰尔认为，亚里士多德的实践哲学代表了古希腊城邦各种传统中所有理性的东西，不仅亚里士多德的实践理性和正义理论体现着城邦，且城邦也被合理地体现在亚里士多德的理论中。

麦金泰尔认为，功利主义兴起的根源就在于 18 世纪以来的道德哲学家为道德进行合理论证的失败，正是这种失败促使 19 世纪的功利主义道德哲学家存在于现代环境中。最后，功利主义的意图也失败了，因此在麦金泰尔的激发下，德性伦理学一时成为 20 世纪末英美伦理学界的"显学"。麦金泰尔主张恢复古代关于德性和幸福的思想，意味着其"要在亚里士多德思想中找寻伦理学和政治学的基础或出发点"。

此外，1971 年罗尔斯（John Bordley Rawls）发表《正义论》阐述了平等主义的自由主义观点，20 世纪 80 年代，以桑德尔（Michael Sandel）、泰勒（Charles Taylor）为代表的社群主义作为对以罗尔斯为代表

---

① 邵华. 当代亚里士多德主义的复兴 [J]. 北京理工大学学报（社会科学版），2013，15（06）：145-151.

的自由主义的批判而发展起来，"共同体""正义"成为流行话题。社群主义者反对自由主义对权利、自由和平等的论述，认为自由主义者们忽略了必然要置身于具体历史传统与社会关系中的个人，而其对概念的解读是抽象的且具有个人主义的。个人的自由权利优先于实现自我目的的善，"我们关于权利和公共利益的整个道德语言是'如此混乱不堪'以至于'我们当中的大多数人，如果不是全部的话，已经从理论和实践上失去了对道德的综合性理解'"①。社群主义与自由主义之争、德性伦理学与规则伦理学之争很大程度上是源于亚里士多德主义与康德主义之争。

（三）当代自然主义伦理学的维度

亚里士多德古典伦理学中讨论了技艺与德性行为及其各自依赖实践智慧的区别，同时也指出了德性与技艺相类比的自然主义实践智慧观。基于亚里士多德的德性伦理思想以及当代认知科学，并在当代自然主义认识论的背景下，当代伦理学中出现了关于实践智慧的自然主义伦理学倾向及其相应批判性反思的讨论。而关于技能行为与德性行为及二者蕴含的实践智慧的比较研究已经成为当代西方德性伦理学领域普遍关注的一个前沿问题。关于技艺与德性及二者蕴含的实践智慧之间是否具有可类比性这一问题，国外学者存在着不同的看法。

一方面，自然主义伦理学主张技艺与德性及二者蕴含的实践智慧之间存在着某种类同关系。英国学者保罗·布鲁姆菲尔德（Paul Bloomfield）认为"'德性即技艺'的主张提供了一种切实可行的道德认识论研究，就是说将道德认识论问题还原为对技能诊断和问题求解的在认识

① 俞可平．社群主义［M］．北京：中国社会科学出版社，1998：38.

上的分析。"① 例如，杰森·斯沃特伍德（Jason Swartwood）从心理学的视角提出，基于自然主义的决策活动的研究表明，在复杂选择与挑战性表现领域中，专家技能行为中包含直觉（intuition）、慎思（deliberation）、元认知（meta-cognition）、自我调节（self-regulation）、自我修养培养（self-cultivation）等构成要素，② 而同样地在实践智慧中也包含着这五种要素。从认知科学的角度，美国学者茱莉娅·安纳斯（Julia Annas）提出技艺与德性中的实践智慧都需要一种敏锐的认知能力，即机械地学习如何实现一个确定的目标并不算是真正地有技术性的。要熟练某项技艺，行为主体必须能够在异常的情况下不借助某种精确的操作指南来进行技能训练，这需要行为主体具备某种洞察力（insight）。③

另一方面，源于德性伦理学的辩护者则主张技艺行为与德性行为的实践智慧在诸多方面存在区别。加拿大学者约翰·哈克·莱特（John Hacker-Wright）指出，技艺与德性中的实践智慧的类比容易使我们忽略实践智慧的目的善观念，因为亚里士多德及其开创的德性伦理学传统中所理解的实践智慧的独特之处在于伦理的实践智慧必须具有一种或者一套有价值目的的正确观念（a correct conception of a worthwhile end or ends）。④ 德性行为的实践智慧中包含着目的，这种目的是通过对生活的整体反思得到的，是对"什么是值得欲求的生活"的一种认识，而技艺行为中没有这种认识或者目的，技艺行为关注的是如何实现具体的目

---

① Bloomfield P. Virtue Epistemology and the Epistemology of Virtue ［J］. Philos Phenomenol Res, 2000, 60（1）: 23-43.

② SWARTWOOD J. Wisdom as an Expert Skill ［J］. Ethical Theory Moral Prac, 2013, 16（3）: 511-528.

③ ANNAS J. Intelligent Virtue ［M］. New York: Oxford University Press, 2011.

④ HACKER-WRIGHT J. Skill, Practical Wisdom, and Ethical Naturalism ［J］. Ethic Theory and Moral Prac, 2015, 18: 984.

标。美国学者艾米利·罗蒂（Amelie Oksenberg Rorty）指出，德性行为中的实践智慧"提供了一种在特定生活中——以生活得好的更大框架下——对如何恰当行为的积极的理解"[①]，与之相比，专家技艺的知识的目标更为具体，一般不会指向"人类生活"的概念。

---

① Amélie Oksenberg Rorty. Mind in action ［M］. Boston，MA：Beacon Press，1988：230.

第一章

正义理论的"实践智慧"转向

苏格拉底的德性知识观与柏拉图的正义思想是亚里士多德正义理论的两个主要思想来源。实践智慧、目的善与适度是亚里士多德正义理论的核心内容与逻辑构成要素。亚里士多德的正义理论主要源于对苏格拉底以及柏拉图思想的批判与继承。首先，苏格拉底从经验层面将德性归结为普遍性的知识，他认为只需要把握普遍性的理论智慧就能同时解决认识和实践两方面的问题，却忽略了非理性因素与具体情境对德性实践活动的影响。由此，亚里士多德提出实践智慧的概念，其目的在于将普遍的理论性与具体的实践性结合起来。其次，柏拉图主张可感世界的成"善"无法与理念世界相通。亚里士多德从苏格拉底的知识实践性中找到德性的理性价值来源，从柏拉图的正义理论中找到达至社会和谐稳定的基本原则，结合实践智慧的合理要素，通过中道的手段获得最好的生活方式，获得人类可实行的幸福生活。

第一节　苏格拉底的实践智慧思想

苏格拉底围绕着雅典德尔斐神庙上的神谕"认识你自己"进行自

我反思和自我约束，让哲学重新关注人类问题。在"德性是否可教"的讨论中苏格拉底对德性进行普遍意义上的定义，并提出了"德性即知识"的命题。通过对苏格拉底"德性即知识"的批判，亚里士多德将德性划分为理智德性与伦理德性，加强了与伦理德性以及人的非理性部分间的相互关联。并且从纯粹认识论的层面上赋予善德与正义以确定的内涵，提出了"德性即明智"的论述，由此开启亚里士多德式实践智慧的理论体系。

一、苏格拉底的"认识你自己"

从智者学派提出"人是万物的尺度"的学说开始，古希腊哲学家们便开始探讨人的存在意义并探索人类存在的特殊性和固有属性，由此丰富了形而上学本体论的思考，并深化了对人自身认识能力的了解。"人是自然世界的一员，但是人有权利按照自己的理解与思考决定自己作为人的生活方式，人不但思考自然，同时思考人之所以为人的生存价值。"① 在《斐多篇》中，柏拉图让苏格拉底叙述了自己在年轻时候所发生的一次思想的根本转变。对于思想者来说，苏格拉底认为更为重要的工作是从经验现象中摆脱出来，尝试运用理性来达到对事物一般存在原则的认识，也就是从本质上对经验现象进行合理的解释。而正是这一转变将苏格拉底从对自然哲学的研究，转向了对正义和善、对伦理学和政治学的主题研究。因此，学者们也认为是苏格拉底改变了古希腊哲学自然哲学的研究倾向，把人生存方式的客观意义同人的行为道德价值作为问题来进行理论探讨，从而使得思想者们开始由对自然的关注转向对人事的关注。

---

① 宋希仁. 西方伦理思想史［M］. 2 版. 北京：中国人民大学出版社，2010：21.

苏格拉底通过对智者学派自然哲学的研究，寻求摆脱自然哲学困境的办法，他将阿那克萨戈拉所提出的"心灵是安排一切的原因"原则贯彻到底，主张首先要对人自身进行研究，从审视人自身的心灵的角度来研究自然，追求真理的过程在于自我主体，是从认识自己的具体知识到认识认知主体的过程。因此，人们通过"认识自己"才能发掘出自己的理性能力。人要对自己有一个清楚的认识，要认识到自己的无知，接着意识到自己对"美好的生活"一无所知。这样人才能从混沌、因循守旧中摆脱出来，重新思考人应当过一种怎样的生活，并由此照看好自己的灵魂。

人的本质是人的灵魂机制，认识你自己就是认识你的灵魂。在苏格拉底看来，我们要时刻关心自己的灵魂，对灵魂负责。要使人的灵魂尽可能地获得善，要尽可能地拥有更多关于善的知识。而灵魂中所独有的理性才体现着人的固有性，只有这种固有能力完全发挥，用理性去追求善，用行为去实践善，当"善"占据灵魂，过有德性的生活，人们才能获得真正的幸福。因此苏格拉底一生都在呼吁"对灵魂操心"，实际是在呼吁人们按照理性的方式去生活。人的生活必须不断追求正确行为的可能以及道德原则的必然性依据，只有这样才能实现人类存在与社会存在的"善生"理想。

人要如何认识自己？色诺芬（Xenophon）在《回忆苏格拉底》中记载，苏格拉底认为人首先必须省察自己作为人的功能与用处，要对人自身实践能力进行反思，同时"认识自己，弄清什么是'善''美德'。从而做出正确的善恶判断，确定自己的能力，从而既能选择善、得到幸福，又能不招致祸患"[①]。在苏格拉底看来，人要想追求善，成为有德

---

① 色诺芬. 回忆苏格拉底 [M]. 吴永泉，译. 北京：商务印书馆，1984：25-31.

性的人，就必须认清自己，明辨善恶，从而获得关于善恶、德性以及自己实践能力程度的知识。

苏格拉底道德哲学的出发点在于对人自身道德能力的反思，其中一个重要的方面是省察自身，人在认识自己、分辨善恶的同时也预设了德性的实践性。他从对自然的具体知识的研究转向对知识本身和知识主体的研究，这种知识存在于理性的实践功能当中，存在于对自我的认识和道德反思当中。这种对"知识"的认识本身不是知识论的认识，是"知"与"行"的统一，是能动的实践概念。古希腊语中的"知识"有两类。一类是"努力探究而去获知"，强调的是自己的努力。这种探究方式和所获得的知识不是我们所理解的知识论意义上的，它甚至带有超验性和神秘主义的因素。另一类是"指关于某事物的专门的知识，是人们在从事某事时所需技术背后的知识基础"①。苏格拉底更倾向于使用前一类"知识"的含义。

苏格拉底与亚里士多德对知识的理解不尽相同。苏格拉底的"知识"是一个基于经验的能动的实践概念，"他的哲学同他研讨哲学的方式是其生活方式的一部分，他的生活和他的哲学是一回事，他的哲学活动绝不是脱离现实而退避到自由的、纯粹的思想领域中去的"②。

二、"德性即知识"

德性是内在于心灵的原则，是过好的生活或行善之事的生活，是一切技艺中最高尚的技艺。苏格拉底主张"人的心灵内部已经包含着一些与世界本原相符合的原则，人们首先在心灵中寻找这些内在原则，然

---

① 赵猛."美德即知识"：苏格拉底还是柏拉图？[J]. 世界哲学，2007（06）：13-25.
② 黑格尔.哲学史讲演录：第 2 卷 [M]. 贺麟，王太庆，译.北京：商务印书馆，1997：51.

后再依照这些原则规定外部世界。"① 具体来说，德性既然已经被确立为是伦理学研究的核心，并且它具体地表现为一种幸福的生活、最优的生活，幸福和快乐是德性的目的和结果。如何使生活达到最优、最好，苏格拉底的回答是：需要专门的知识。"就像一个木匠必须有木工方面的专门知识才能制作出精致的木器，一个政治家必须有治国方面的专门知识才能治理好国家，同样，一个人必须有关于什么生活是最好的生活的专门知识，才可能在现实中去实现这种生活，使自己的生活达到最优。"② 知识在人的道德实践中具有重要的作用，寻求客观普遍的知识也即寻求德性的知识。在这个意义上来说，他把德性等同于知识。一个人对他自己的认识，就是关于德性的认识。

苏格拉底关于德性与知识的有关论述主要体现在《普罗泰戈拉篇》和《美诺篇》中。德性只有是知识的，才是可教的。苏格拉底从"政治技艺是否可教"展开讨论，提出"德性是知识"是"德性是可教的"之充分必要条件。他认为正义和尊敬等品质是神分给每个人的，人人都潜在地具有德性。知识不是感性的知识，不是对具体道德行为的意见，而是对德性概括性、理性的把握，是善的知识。因此，假如潜在于人自身的德性没有知识和理性的指导，就不能是善的、有益的，只能是有害的。所以，"正义和其他一切德性都是智慧"③。

德性的本质是知识，一个人知道何为善，必然会去行使这样的善，知道善而又不行使善是不可能的。苏格拉底认为，一切的恶行都在于不知善的知识，无人有意作恶，而他们这样做了只是出于无知，这便是

---

① 赵敦华. 西方哲学简史 [M]. 北京：北京大学出版社，2001：40.
② 聂敏里. 西方思想的起源：古希腊哲学史论 [M]. 北京：中国人民大学出版社，2017：109.
③ 王国银. 德性伦理研究 [M]. 长春：吉林人民出版社，2006：64.

"德性即知识"的反命题。"无知即恶",无知都是违反人的意愿的。"那些不知道什么是恶的人并不想得到恶,而是想得到他们认为是善的事物,尽管它们实际上是恶的。"① 受到种种流行观念、传统习俗以及愚昧的偏见影响,人们在有限的认识上的混乱会导致现实生活中的各种罪恶,"无人有意作恶"。人在其生存中总是选择善,善是人们一切行动的目的,智慧与善等同,无知与恶等同。他认为有意的恶优于无意的恶,"事与愿违的原因或是他的知识短浅,或是他不足够明智,或是事情的发展超出了他的控制等等"②。纯理论化的知识并没有道德上的意义,德性与知识一样不是纯理论性的,而是实践性的。苏格拉底将德性与知识合二为一,给知识赋予了道德性的特征。

三、亚里士多德对苏格拉底明智思想的发展

在亚里士多德看来,归纳推理与普遍定义是苏格拉底对西方哲学做出的两大贡献。苏格拉底通过德尔斐神庙上的神谕"认识你自己"进行自我反思和自我约束,以这样一种反思方式,使哲学重新关注人的问题,以便探寻到一种普遍的确定性的生活意义和真理。在《美诺篇》中,他从"德性是否可教"的讨论中开始对德性进行普遍定义的寻求,从而提出了"德性就是知识"的命题。

虽然苏格拉底对早期自然哲学持批判的态度,但我们可以看到,苏格拉底的思想并没有完全摆脱智者学派思潮的影响。有学者认为"他的思想始终局限在道德实践领域,他习惯于社会交往的实际行动,而没有提出世界观和伦理学的完整理论"③,他从自然转向人本的哲学研究

---

① 柏拉图. 柏拉图全集:第 1 卷 [M]. 王晓朝,译. 北京:人民出版社,2011:501.
② 赵猛. "美德即知识":苏格拉底还是柏拉图?[J]. 世界哲学,2007(06):13-25.
③ 赵敦华. 西方哲学简史 [M]. 北京:北京大学出版社,2001:39.

主要还是出于实用的考虑。因此，亚里士多德对苏格拉底"美德即知识"的批判主要有以下两方面。

一方面，苏格拉底仅仅将德性从理性主义的角度进行分析，忽视了灵魂的欲望部分也具备相应的德性。如亚里士多德所说，苏格拉底"投身于研究伦理上的善时，首先寻求对它们做出普遍定义"①。在"苏格拉底的问答法"中，他先是将对方引入情境思考，就对方话语中所提供的某些关键词，尤其是一些关于德性问题的讨论，提出自己的问题，问题的模式大致为"是什么"。聂敏里认为这种问答方法是"在尝试教会对话者通过定义法、运用理性对经验材料进行分析和综合，以获得有关一个事物的普遍适用于一切经验的本质定义。"② 这种问答法通过引导被问者对经验认识的理性分析，揭露出经验认识的内在局限性与矛盾性，抛开经验的主观性与片面性，从而获得对事物本质在理性层面的认识和理解。

苏格拉底信仰理性，知识属于理性，所以"德性即知识"代表着把德性完全当作理性。这是理性的卓越体现，但这种德性只限于灵魂的理性层面，而未涉及欲望等非理性部分。"人的理性本质的卓越体现即德性就在于拥有知识，人的感觉生命部分不具有德性"③，从而摒弃了诸如情感、习惯和伦常等非理性部分。苏格拉底把德性与知识等同起来，认为知识是善是德，无知是恶。他认为，人的本性就是趋善避恶，没有人会主动地追求恶，究竟是行善还是作恶，主要看人是否拥有知

---

① 亚里士多德. 形而上学 [M]. 苗力田，译. 北京：中国人民大学出版社，2003：270.
② 聂敏里. 西方思想的起源：古希腊哲学史论 [M]. 北京：中国人民大学出版社，2017：100.
③ 崔微. 亚里士多德对苏格拉底"美德即知识"观点的扬弃 [J]. 哈尔滨学院学报，2010，31（01）：5-9.

识。但同时他也忽略了人的非理性因素在知识运用当中的作用，亚里士多德指出"他在把德性看作知识时，取消了灵魂的非理性部分，因而也取消了激情和性格"。① 在苏格拉底那里，人的德性并没有伦理德性与理智德性的划分，亚里士多德指出人的德性是指与情感欲求保持适度关系的品质。"人的灵魂不仅有理智部分还有非理智的部分，因为知识不是德性的充分必要条件，有知识不一定就会有德性，还应该考虑人的非理性部分的因素。"②

另一方面，亚里士多德批评苏格拉底将实践的德性知识等同于普遍性的理论知识，将"实践的知识化约为可度量的技艺"③。苏格拉底通过探讨正义、勇敢以及各种德性的本质属性，来获得关于德性的知识。知道了正义就会变成正义的人，在他看来所有的德性不过是各种知识的表现形式而已。尽管苏格拉底经常在不同的语境下使用技艺、知识、智慧等概念，但这三个词语都表示在日常生活中处理实际事务的智力与能力，属于经验层面的知识。由此可以看出，苏格拉底的实践智慧主要是指实践经验层面中经过理性审察的真的知识，这种知识往往具有伦理道德的含义，并且涉及正义或正当的行为。

从道德知识和道德行为的转化关系角度出发，亚里士多德更注重行为的实践性和情境性。苏格拉底认为人有了勇敢的知识，他就会表现出勇敢的行为，通过勇敢的行为来实现善的目的。亚里士多德则认为即便是勇敢的人在遇到坏的境遇时也会产生恐惧的情感，勇敢的知识虽然能够让人们懂得如何面对不好的境遇，却无法抹杀人的自然情感和当下的

① 苗力田. 古希腊哲学［M］. 北京：中国人民大学出版社，1989：223.
② 刘丽. 西方传统伦理：道德关系的演进逻辑与马克思的变革方式［M］. 北京：中国社会科学出版社，2015：26-27.
③ 刘宇. 实践智慧的概念史研究［M］. 重庆：重庆出版社，2013：48-50.

心理状态。"勇敢的德性意味着人不仅要知道什么是勇敢，而且他能够用理智、意志去减轻或克服恐惧感，并经过反复克服恐惧的勇敢行为，养成一种勇敢的性格和习惯。"①

亚里士多德首先将德性区分为理智德性和伦理德性，理智德性通过教导发生发展，而伦理德性则通过习惯习得。亚里士多德对德性的分类说明德性由实践中来，并从某种意义上来说有天生的和可教的两种区分，因此亚里士多德认为苏格拉底所讨论的德性是由实践理性得来的。在苏格拉底那里，"知识"这一概念并没有明确的形式划分，他在讨论"德性即知识"时常常将科学知识、技艺、明智和智慧混淆使用。对此，亚里士多德在《尼各马可伦理学》中专门对各种知识形式进行分类分析，并直接批评苏格拉底将明智等同于知识，指出其是错误的。明智是另外一种认知形式，并非科学知识。从对知识形式的具体划分中，亚里士多德将"德性即知识"的命题改为"德性即明智"的命题。他继承了苏格拉底关于实践理性的阐述，并且认为实践理性的德性分为明智与技艺两种。明智以善好为目的，其中包含着知、情、意诸要素，"明智不仅包含着知，而且内在地包含着行，同时包含着习惯所形成的品性，如此界定的明智比知识更具体化、实践化"②。

其次，就"无知即恶"所引发的"不能自制是否存在"的问题，苏格拉底认为"不能自制"是不存在的。"明知道是善的却没能去做"其实是没有真正意识到什么是善的，即缺乏善的知识。"为恶而不知"的本质在于因为无知而做出与善相反的行为，如果不存在无知，就没人

---

① 何良安. 论亚里士多德德性论与苏格拉底、柏拉图的差别 [J]. 湖南师范大学社会科学学报，2014，43（04）：18-24.

② 郝亿春. 德性即知识?：亚里士多德对"苏格拉底"问题的应答及其根底 [J]. 天津社会科学，2013（03）：32-39.

作恶，也就不存在不能自制的情况。亚里士多德认为这样的"不能自制"观点是正确的，不能自制是因为无知，但在实践上苏格拉底所认为的完全不存在不能自制的情况，亚里士多德并不认同。他认为这种"不能自制"是缺乏实践的知识，缺乏的是实践经验和由此带来的行动力。德性不仅仅需要知识这一要素，经验、理性、情感、习惯都会影响德性的养成。"说到底，不能自制其实是普遍价值与个别价值的冲突，即行为者知道普遍价值，但却实施了与之冲突的基于个别价值的行为。"① 这种内在的冲突由此也引发了后续的关于忏悔、内疚等负面的情感，而恶的行为者心中以个人的个别价值为主要行动力，属于自愿选择作恶，而他内心也不会产生忏悔、内疚等后续性的负面情感。"无知即恶"中"无知"不仅仅是说完全缺乏对善的知识，还可能是仅仅缺乏实践的非理性因素情感和行动力。在亚里士多德看来，自愿作恶的行为者是缺乏正确的逻各斯的，而某些不能自制的行为者在某种程度上是具有正确的逻各斯而受私己的欲望或情感的影响表现出不明智的行为。"亚里士多德探讨人在不能自制情况下作恶是否拥有知识时，看似是对苏格拉底观点的否定，实则进一步解释了苏格拉底疑难在形而上的逻辑成立，真正分析并认同了他所提出的'德性即知识'的观点。"② 由此，亚里士多德将"德性即知识"进一步阐释提出"德性即明智"，通过明智确定正确的逻各斯，以此最终确定德性。

---

① 郝亿春. 德性即知识?：亚里士多德对"苏格拉底"问题的应答及其根底 [J]. 天津社会科学，2013（03）：32-39.

② 孙虎. 对苏格拉底疑难与亚里士多德关于不能自制的探讨 [J]. 赤峰学院学报（汉文哲学社会科学版），2014，35（07）：27-28.

第二节　柏拉图的正义理论

亚里士多德的思想深受老师柏拉图的影响。亚里士多德早年在雅典柏拉图学园跟随柏拉图学习，游历时期开始批判柏拉图的理念论，吕克昂教学时期则以经验主义的研究方式形成亚里士多德式的思想传统。德国哲学家耶格尔（Werner Jaeger）曾以发展史的角度讲述亚里士多德的哲学发展史以及他同柏拉图之间的师徒关系。在他看来，亚里士多德的思想经历了三个不同时期，这三个时期的思想变化主要表现为对老师柏拉图思想的批判与继承上，即从对柏拉图式理念论的承袭，到对以柏拉图为代表的希腊乌托邦主义的批判，再到树立起带有经验色彩的亚里士多德式的哲学理论。

一、善的理念论

柏拉图系统地阐释了老师苏格拉底的思想。柏拉图在自己的对话篇中，把老师苏格拉底关于德性的理解概括为"智慧""勇敢""节制""正义"四大德性。他把苏格拉底所关注的道德问题和灵魂问题发展成为"灵魂论"，进而构建出自己的"理念论"和"理想国"。

苏格拉底提出通过审视人自身的心灵认识人自己，从而寻找到规定外部世界的内在原则，通过灵魂中所独有的理性探究人的固有属性。"理念"原意指"看见的东西"即形状，转义为灵魂所见的东西。柏拉图论证了苏格拉底的伦理原则并将灵魂看作与身体相分离的永恒不朽的实体，从而通过灵魂来论证理念的存在，使人获得关于理念的知识。人的灵魂和身体是两个相互独立的实体，"按照不可见的理性统摄可见的有形物的原则，灵魂统摄身体，柏拉图把人的本性归结为灵魂，在他看来，人不是灵魂与身体的复合，而是利用身体达到一定目的之灵魂，另一方面，他也看到身体对灵魂的反作用，这种作用或者有益于，或者有害于灵魂"。① 柏拉图在个别的、可感的事物之外设定了一个普遍的、可知的理念领域。按照他的说法，存在着两个世界，一是可知可思的理念（"型相"）世界，二是可见可感的现象世界。理念世界作为一种普遍性的存在，是一种理性的存在。柏拉图坚持可感事物服从于无形的本质，本质是与可感事物相分离的理念，他认为只有从不变的存在出发才能够认识运动和变化。

一方面，"理念"是一种"原型"，是最原始的模型，按照这些模型制作出许多具体的事物，从而形成由这些事物组成的大千世界。事物是因"模仿"理念而得以存在的，但这种"模仿"只能分有"理念"的特点，模本无法将原型、原本完全实现，"于是世间万物和'理念'就永远有一个距离，是现实与理想的距离"②。另一方面，如果"理念"是"原型"，那么它必定是"（完）善"的。"理念"源于理想，是"自生"的，而"善"是固有的，不从别的东西那里"派生"出来，那么"善"就是"理念"。柏拉图在苏格拉底"理性善"的基础上提出了"善"的理念论。各个"理念"千差万别，但其为"善"者则是唯一，因此柏拉图将一个至高的、终极性的善作为"理念"的最高理想。这种"善的理念"是理念世界存在的根据，可以说是"理念之理念"。

柏拉图意义上的"善的理念"既有思想的主观性又具备现实的实践性。通过"理念"的分有与模仿，世间万物被制造出来使得我们可知可感的现象世界得以完善。但就"善"的意识而言，"理念"是"知识"，是"科学"。他将单纯技术性的概念提升为理论性、理性高度的

---

① 赵敦华. 西方哲学简史 [M]. 北京：北京大学出版社，2001：60-61.
② 叶秀山. 永恒的活火：古希腊哲学新论 [M]. 广州：广东人民出版社，2007：172.

产物，甚至是最高的知识——哲学。而柏拉图理想的治国之道也是以"哲学王"为治国的核心，他将"哲学王"作为最高智慧的拥有者，同时也是最为优秀的治国者。

二、理念论的现实关怀

柏拉图的伦理正义思想是从灵魂学说展开的。灵魂的每一个部分都支配着身体，与身体的各个部分相对应，灵魂与身体的关系实际上是内在的理性与欲望之间的关系。"当理性原则支配着灵魂时，灵魂正当地统摄着身体；反之，当欲望原则支配着灵魂时，身体反常地毁坏着灵魂。"①

柏拉图在《理想国》中将灵魂划分为三个部分：理性、激情和欲望。理性控制着思想活动，激情控制着合乎理性的情感，欲望支配着趋乐避苦的非理性倾向。同时，这三个部分同三种德性相关，但又不是简单一一对应的关系。理性部分的德性是智慧的并拥有追求智慧与思虑、观照真理的能力。激情天然地服从并协助理智，而激情同勇敢的关系在于"一个人无论处在快乐还是痛苦之中，他的激情都能保持不变，能够牢记通过理智教给他的应当惧怕什么和不应当惧怕什么的，那么我们就依据他这个部分的性质而把他称作勇敢的"②。欲望本性是贪婪的，但理智和激情通过法律和良好教育的培养，会联合起来监管欲望，欲望并不直接对应于节制。只有当激情与欲望服从理智的管理时，这样的人才称得上是节制的人。三部分听从理智的指导，各自发挥自身的德性优势，使灵魂全体和谐一致，此时的灵魂就拥有了"正义"的德性。人

① 赵敦华. 西方哲学简史［M］. 北京：北京大学出版社，2001：61.
② 柏拉图. 柏拉图全集：第2卷［M］. 王晓朝，译. 北京：人民出版社，2007：422.

的德性包含着理智、勇敢、节制、正义四种基本德性，一个正义的人应该自己主宰自己，自身内部秩序井然，而破坏这种状态的行为就是不正义的行为。柏拉图认为引导这种不和谐状态的见解是愚昧无知的。

国家是大写的人，城邦的正义是个人正义的影子。以"四元德"为基础，由"灵魂三分学说"发展而来的是柏拉图的伦理正义思想，这种政治以理念论为指导思想，推崇"贤人政治"的治国理念。城邦三个阶层各司其职、发挥职能以获得城邦的正义，智慧、勇敢、节制是其伦理基础，以实现国家的共同善为最高目的。

按照各个阶层的德性行事，每个人都只做适合他本性的事情，那么个人的德性就会得到充分的发挥。智慧就每个人而言，是自身起到管理作用和传授信条的部分，它拥有知识且知道什么对个人和整体是有益的。就国家而言，智慧代表着具有卓越才能的人。勇敢代表着一种理智的信念，一种对什么事务应当害怕的基于法律的正确信念而非猛兽类的凶猛表现。节制是对快乐以及欲望的调节或约束，是对自己做主的表现。节制对个人而言，是指灵魂中天性好的部分控制坏的部分，就国家而言，是少数人对多数人的欲望与智慧的管理。治理者以智慧管辖国家，军人以勇敢保卫国家，节制贯穿于国家的全体公民当中，包括生产者在内的所有社会成员以节制协调彼此的行为。国家各部分达到一致和协调也就是在现实中实现了个人的善。

柏拉图把正义看作一种整体的德性，在上述四种德性之中，正义是最为重要的。"正义使另外三种德性在城邦内产生，并使它们得以保持。所以正义是'最能使国家善'的德性。"[①] 就城邦的正义来说，正义就是"只做自己的事情而不兼顾别人的事"，同时"每个人必须在国

---

① 黄颂杰. 正义王国的理想：柏拉图政治哲学评析 [J]. 现代哲学，2005（03）：29-38.

家里执行一种最适合他天性的职务"。柏拉图认为一个完整的城邦必须具备以下三种功能：衣食住行等基本需求的满足、免遭外敌入侵和社会的有序治理，他主张在城邦中最好实行社会分工，让人各司其职。根据完善的城邦所需具备的三种功能，柏拉图将城邦的分工划分为城邦的治理者、护卫者以及各具技艺的劳动者。三类人在这种制度安排下被严格地区分开来，根据每个人的天赋来安排适合他的职业，各司其职，只有这样才能建立"智慧的、勇敢的、节制的和正义的"城邦。

三、亚里士多德对柏拉图正义思想的发展

柏拉图将"善"作为"理念"的最高理想，试图以纯粹的理性知识来定义"善"与"德性"，这样一种纯粹知识论的研究方式受到了亚里士多德的批评。对纯粹理性能否处理现实中的关于德性的问题，有学者认为"柏拉图抛开实践因素，在纯粹知识论的层面上来定义德性与善，使人与人的生存实践脱离开来。虽然柏拉图深信只有经由知识才能达至善，但'至善的困境'在他那里始终无法得到很好的解决"①。亚里士多德主要从以下三方面对柏拉图的正义伦理思想进行批判性的修正。

第一，亚里士多德对柏拉图思想的批判性修正表现为对其"善的理念"的扬弃。从苏格拉底的"普遍定义"出发，柏拉图认为事物的本质或普遍定义就是理念。理念并非一个存在于我们头脑中的"主观想象"，而是能够通过我们的感知看到的"客观存在"。它独立且先于具体事物的存在，同时也是万事万物的依据。理念是现象世界背后的唯一实在，柏拉图的理性源于理念世界，是灵魂的最高部分。理性能追求

---

① 赵猛."美德即知识"：苏格拉底还是柏拉图？[J]. 世界哲学, 2007 (06)：13-25.

善的理念和永恒的正义，"任何人凡能在私人生活或公共生活中行事合乎理性的，必定是看见善的理念的"①。在一切具体事务和行为活动之上，存在着一种作为终极原因和目的的"善"理念。柏拉图认为这个至善是真实且唯一的，是知识和真理的源泉；但反过来，真理却不能规定善。人们要获得幸福，追求至善，就必须要摒弃一切现实的欲望和生活需求。

亚里士多德明确地批评柏拉图的理念论，力图克服柏拉图轻视感觉经验的理性主义倾向。他认为并不存在单一的善，一切存在物都追求自身独有的善。就本体论而言，善无法作为一个单独的理念存在，即便是存在唯一的善，它也是不真实的且毫无意义的。"如果尚有其他自身即善的事物，这类事物可以找到多个，也就不可能有单独的善的理念。"②柏拉图的研究在于用理想改变现实并在可感世界之外寻求全部的原因。与他的老师相反，亚里士多德并没有幻想去追求世俗之外的超然的善，而是面对现实，从人的实践经验本身去探求实际生活中个人德性与社会正义，并从中分析人类的行为与德性间的各种关系。

一切具体的行为活动和职业活动都在追求某种目的，在实现着某种具体的善。"具体实践活动中对个别事务的感知性智慧独立于对普遍原则的思考，实践活动中的理解和判断不再完全依赖于普遍原则。这是一个巨大的转变。"③亚里士多德认为善是一切事物所追求的目的，不能说只有一个善。"普遍的善与个别的、特殊的善是联系在一起的，离开

---

① 柏拉图．理想国［M］．郭斌和，张竹明，译．北京：商务印书馆，1986：276.
② 刘宇．实践智慧的概念史研究［M］．重庆：重庆出版社，2013：128.
③ 刘宇．亚里士多德实践智慧思想的起源和发展［J］．求是学刊，2012，39（05）：28-34.

个别的、特殊的善，就无所谓普遍的、绝对的善或至善。"① 由此可知，亚里士多德所强调的目的善是真实的和具体的，而不是抽象神秘的。通过对柏拉图善理念的批判，亚里士多德提出将"人类社会的善"而非"超验的善"作为其实践哲学的目的论研究，而善是具有实践性和经验性的。

第二，亚里士多德更加注重普遍与个别间的辩证关系。柏拉图的思想呈现出一种"化多为一"的特点，更重视对事物普遍性的研究。依据"理念是第一性"的哲学思想，柏拉图认为每一个可感事物都分有一个理念，因此理念是可感事物的原因。"理念的主要特征是分离性和普遍性，主张理念与个别事物相分离，这是柏拉图学说的一个鲜明特点。"② 分有物和理念之间相当于个别与普遍之间的关系，美的事物分有了"美"的理念，近似于它却不等同于它，而对可感个体的认识是为了追求普遍的善的理念。

柏拉图的治国理念也表现出"化多为一"的特征。从国家起源来看，柏拉图强调国家源于社会分工，他认为建立城邦的目的在于弥补个人能力的不足，因为单靠我们自己是无法自给自足的。"人们相互之间需要服务，我们需要许多东西，因此召集许多人来相互帮助。由于有种种需要，我们聚居在一起，成为伙伴和帮手，我们把聚居地称作城邦或国家。"③ 一方面，柏拉图崇尚哲学王的治国之道，否定法律的作用，主张一人之治。另一方面，分工合作、各取所需是柏拉图的立国之本。但他的"善治"是从城邦的整体利益出发的，以国家的利益为至上利

---

① 何良安．论亚里士多德德性论与苏格拉底、柏拉图的差别［J］．湖南师范大学社会科学学报，2014，43（04）：18-24.

② 赵敦华．西方哲学简史［M］．北京：北京大学出版社，2001：53.

③ 柏拉图．柏拉图全集：第2卷［M］．王晓朝，译．北京：人民出版社，2003：326.

益而不是为了获得全体公民的共同福祉。

基于人的社会属性，亚里士多德认为国家是自然而然产生的。"人类在本性上是一个政治动物"，凡是脱离城邦的人"不是野兽，就是神"。人类经家庭、村坊发展组成城邦，城邦是至高而广涵的一种社会团体，过优良的生活是城邦追求的至善。亚里士多德始终强调城邦的自然特性，这种"自然生成论"强调城邦是由于人的需要并且沿着由家庭、村坊到城邦的进程而自然地生长起来的。亚里士多德在批判柏拉图"以划一为目的的理想国"的同时，坚持依法治国的思想。他强调法治与民主、自由是分不开的。亚里士多德继承并发展了柏拉图关于政体划分的理论，提出理想政体应该是中产阶级主导的混合政体。基于治国者人数和是否以谋求人民的共同福祉为城邦目的这两个因素，君主政体崇尚智慧、贵族政体崇尚美德、民主政体崇尚自由，而混合（共和）政体作为一种中间形式，融合了多种政体的优势之处，是较为完善的政体组成。

第三，亚里士多德的正义理论强调理性与经验、情感等非理性的结合。亚里士多德的正义理论吸纳了古希腊人赋予正义的各种有意义的内涵，其中梭伦（Solon）和柏拉图对正义概念的理解对亚里士多德的影响尤其深远。

正义是梭伦立法的基本原则，"给予每个人其所应得"是梭伦正义理念的核心。梭伦将"应得"的概念同正义联系起来，认为正义在于按照应得的原则对每一位公民的财产、权利和义务进行分配。[①] 正义是各类德性的统摄，柏拉图认为正义原则是理想国家的立国之本和达至社会和谐稳定的基本原则。一个国家应该具有智慧、勇敢、节制和正义四

---

① 孙晓敏. 亚里士多德政治思想研究［D］. 大连：大连理工大学，2011.

个要素，智慧、勇敢和节制分别代表着具体的不同阶级的人，而正义没有具体的体现者。正义就是做自己分内的事和拥有属于自己的东西，当治国者、军人和劳动者在国家里各尽其责而互不干扰时，国家便有了正义，城邦也就成为正义的城邦。"正义"是柏拉图《理想国》中重点研究的一个问题，城邦的正义代表着城邦公民各司其职，每个人都只做适合他本性的事情。个人的正义代表着个人灵魂里所对应的三种品质，理智、激情和欲望三者自身各起各的作用，互不干扰，达到一种和谐的状态。

亚里士多德继承了这种正义理论，并引申出自己的一套正义观。他认为正义有广义与狭义之分，分别为合法性的普遍正义和公正平等的特殊正义。实现善德与正义是城邦的政治目标，正义是一种中道的德性。一方面，广义的正义是一种社会美德，是就社会的每一位成员与整个社会的关系而言的，正义的合法性要求公民既顾及自身利益，亦不影响他人利益。另一方面，狭义的正义意味着"给人其所应得"，主要包括矫正正义与分配正义。

一个人的正义和善就在于他的灵魂在理性的统辖下各部分达成一种和谐秩序的状态。柏拉图的正义理论建筑在理性的大厦之上而非建立在经验、情感等非理性的基础之上。他将人的灵魂分为理性部分与非理性部分，而正义就在于以理性主导来驾驭非理性。理性对欲望的调试来自外部，柏拉图将理性看作纯粹的、自在的，它绝不会引向任何的实践活动，也就摒弃了激情与道德。"这一差别在德性论上的重要反映在于，柏拉图把德性看成是刚性的原理，欲望和情感被作为德性的压制对象。"[①] 而在亚里士多德的伦理思想中，德性并不只是一个知识性的问

---

① 何良安. 论亚里士多德德性论与苏格拉底、柏拉图的差别［J］. 湖南师范大学社会科学学报，2014，43（04）：18-24.

题，它是与实践相关系的。产生德性的正义理性既不是苏格拉底的知识理性，也不是柏拉图所说的认识理念的理性。亚里士多德提出将人的理性分为理论理性和实践理性，而正是这一划分将他同苏格拉底和柏拉图区别开来。从对理论理性与实践理性、理智德性与实践德性的具体划分当中，亚里士多德将实践智慧运用到德性思想的具体应用当中。他注重从人的经验生活本身去论证正义理论，强调普遍与个别的辩证关系、理性与非理性因素的相互作用。现实人生充满矛盾，理性与欲望斗争不断，亚里士多德主张理性自然地引导欲望，能够与情感欲求保持适度的关系是对德性的基本诉求。

第三节　亚里士多德基于实践智慧的正义理论

目的善、实践智慧与中道构成了亚里士多德正义理论核心的逻辑构成要素。在其理论体系中，目的善是正义理论的价值目标。幸福作为人类能够实行并获得的善，是人生真正的目的。幸福是与理性相一致的活动，实践智慧是正义理论实现价值目标的理性驱动力。依靠实践智慧将普遍的理论知识运用到具体情境当中，亚里士多德的正义理论通过中道原则适度地选择正确的目的，获得价值目标的现实途径，使人在合乎德性的现实活动中获得至善。

一、善的目的论

亚里士多德的形而上学以一种本体论的形式呈现出来，同时这也是一门关于存在的自然科学。它对现实进行认知，对存在本身的属性与关系问题进行探讨。亚里士多德的形而上学是一门关于本原和原理的科学,"最为可知的事物是第一本原和原因;其他事物都是通过它们或者由于它们而被知道"。他认为,作为第一本原和原因的科学是至高无上的,因为它知道"每种行为因何种目的而被感知,也即,每件个别事物的善,也就是一般而言的整个自然中最高的善"①。本原与原因的知识是善的知识,因为善或者目的就是原因的一种。因此,在亚里士多德的形而上学中,不存在是与应该、现实与价值的二元论。亚里士多德将"神"这个概念作为研究目标,神同时既是第一本原又是终极目的,也就是绝对的善。

亚里士多德对善的理解不同于他的老师柏拉图。在他的《形而上学》第 12 章的末尾,亚里士多德提出了这样一个问题:"善和至善在整个自然中是一种怎样的存在,是一种分离的东西,就其自身而存在,还是秩序的安排?"或者说,善是一种超验的价值,还是经验世界的固有价值?他的回答是两者兼具。为了阐述这一观点,他以军队为例。一支军队的"善",既在于它的秩序,也在于它的将领,但更多的是在于将领。军队将领个人的至善要比在军队中被发现的多,这像不动的推动者一般。宇宙中不动的推动者是世界的"个人统治者",是亚里士多德形而上学中最高的"神"。这种本体论暗示出一种一神论的目的论,同样地,这也代表着一种形而上学式的基于理性的伦理学。

亚里士多德以"所有事物都以善为目的"② 这一论述开始他的伦理学研究,这几乎也是他的形而上学的主要议题。善在他的伦理学中代表着一种"终极的目的",是一种"至善"。然而,通过分析"属人的善"而非不动的推动者的超验的善,他将伦理学研究从他的形而上学研究中

---

① 亚里士多德. 形而上学 [M]. 苗力田,译. 北京:中国人民大学出版社,2003:4-5.

② 亚里士多德. 尼各马可伦理学 [M]. 廖申白,译. 北京:商务印书馆,2003:3.

分离出来。与柏拉图相反，他排斥这样的观点，即认为在另外一个世界，存在着一种独立的、绝对的善。善并非产生于一个单独的型，亚里士多德认为不同的事物被称为善，并非偶然。他们同样被称作善的，也许是"由于出自或趋向于同一个善"。依据柏拉图关于善理念的分析，他认为"就算有某种善是述说着所有善事物的，或者是一种分离的绝对的存在，它也显然是人无法实行和获得的善"。或者可以说我们现在需要研究的应该是"就我们的直觉而言，善是一个人的属己的、不易被拿走的东西"①。而这种"人类社会的善"在《政治学》中就表现为"一切社会团体都以善业为目的"。亚里士多德的伦理学将善定义为一种终极的目的，人们做其他事情是为了追求它。我们在生活的实践活动中所运用的所有技能及各种知识都是为了追求某种目标，而追求这些目标是为了更高的目标。这将是生活中最好的东西，也是唯一的最高目标，它总是自身值得追求。这种善是"自足"的，"是一事物自身便使得生活值得欲求且无所确实"②。亚里士多德认为同其他事物相比，幸福最有可能是这种可实行的终极的善，因为我们都只会为了幸福自身之故而去选择它。

从传统意义上来说，古希腊的伦理学是关于幸福的伦理学。在古希腊人看来，幸福是人生真正的目的，幸福就是至善，德性在根本上是同人生的幸福联系在一起的。亚里士多德在著述中就幸福这一概念进行了论述。每个人都有自己的生活要过，有自己的决定要做。人类是社会的产物，是社会群体的一部分。生活实际上是一系列的活动，我们不只是被动地活着，而是积极地活动着，这是我们了解什么是最好的生活的关

---

① 亚里士多德. 尼各马可伦理学［M］. 廖申白，译. 北京：商务印书馆，2003：11-12.

② 亚里士多德. 尼各马可伦理学［M］. 廖申白，译. 北京：商务印书馆，2003：19.

键概念。生活的目的有很多种，亚里士多德认为终极的答案是幸福，我们生活中各种活动的最终目的在于幸福，因为它本身是完满的。

一种定义认为幸福是德性的报偿（善有善报）。它的研究起点在于，人存在一种状态，一种对幸福的渴望以及人无法彻底满足自身所有需求的状态。"人类是无法自足的生物，我们有一些需要，这些需要靠其他人来满足，例如繁殖的需要、情感的需要甚至是物质的需要。"①为了引导人们按照道德规范行事以确保他们的行为是有道德的，亚里士多德的道德哲学主张，通过有道德的行为，使他们能够获得自己想要的幸福，这种幸福表现为美德的报偿。即如果你是有道德的，如果你表现你所应当表现的（行为），那么你就会感到快乐，这是道德哲学所传达的内容。然而，在现实当中，有德性的人往往是不快乐的，而邪恶的人却相反，哲学并不能改变现实中的幸福，因此我们不得不转换观念。基于这样的目的，人在现实中所追求的表面幸福，是区别于一种真的、正确的且是人类应该去追求的幸福，是虚假的、自欺欺人的幸福。因为真正的幸福不是别的，正是德性本身。

但同时亚里士多德也指出，个人无法因为德性的报偿而获得幸福的满足感，要成为勇敢者需要有勇敢行为的动机，而非获得幸福的动机。当我们最终成就了勇敢、节制和正义这些善，专注于具体的善，不去过多地考虑幸福之时，幸福才会实现。这种专注的本性类似于"禅"的性质，如他所言，通往幸福之路就是不去考虑幸福。

最高的善总是因自身之故而被选择，因此当亚里士多德将幸福作为其伦理学的研究起点时，他首先接受了从一般意义上来讲的作为一种思想的真实状态的善，其表现出一种满足人类现实需要的状态。人具有德

---

① 加勒特·汤姆森，马歇尔·米斯纳. 亚里士多德 [M]. 张晓林，译. 北京：中华书局，2014：122.

性又可以一辈子不去运用它，那么他休息的时候也可以拥有德性，"有德性的人甚至还可能最操劳——但没有人会把这样一个有德性的人说成是幸福的"①。幸福永远只是因为其自身而非他物而被选择。荣誉、快乐以及各种德性，我们会因它们自身而去选择它们，我们也会因为幸福而去选择它们，因此幸福是德性的报偿，但在这里显然幸福并不等同于德性。

将幸福转化为德性，但幸福到底是什么。亚里士多德试着"通过探明人的活动究竟是什么"来解答这个问题。理性与语言是人区别于世界上其他生物的特征。按照亚里士多德的说法，人的独有特征在于人是有理性部分的实践的生命，即人能够进行理性的推理，因此人的善在于在活动中表现出良好的、有道德的行为。幸福是与理性相一致的活动。"人的活动是灵魂的一种合乎逻各斯的实践活动"，有德性的人的行为实践就在于良好地实现这些活动。基于这一论点，接下来他将幸福定义为最高的人类的善。善是幸福，幸福在于德性，"那种幸福的人既'生活得好'也'做得好'的看法，也合于我们的定义，因为我们实际上是把幸福确定为生活得好和做得好"②。亚里士多德明确地表达出"我们的定义同那些主张幸福在于德性或某种德性的意见是相和的"这一论述。实际上，他甚至声明"一个享得福祉的人就永远不会痛苦，因为，他永远不会去做他憎恨的、卑贱的事。我们说，一个真正的好人和有智慧的人将以恰当的方式，以在他的境遇中最高尚［高贵］的方式对待运气上的各种变故。"③ 就幸福的外在善这方面而言，亚里士多

① 亚里士多德. 尼各马可伦理学［M］. 廖申白，译. 北京：商务印书馆，2003：12-13.

② 亚里士多德. 尼各马可伦理学［M］. 廖申白，译. 北京：商务印书馆，2003：19-21.

③ 亚里士多德. 尼各马可伦理学［M］. 廖申白，译. 北京：商务印书馆，2003：29.

德认为人类需要依靠物质、情感来满足幸福的实践要求。为了自身的发展，它需要社会的存在与支持，公正的人需要其他人接受或帮助他做出公正行为，节制的人、勇敢的人和其他的人也同样需要彼此的物质支持。

对亚里士多德来说，"幸福"一词是一个更为积极的概念。它代表着一种对人来说尽其所能、就事而言尽善尽美的状态，它是人类一切活动的目的，幸福的目的在于获得人之为人的繁盛（flourishing）——积极健康美满的生活以及自我实现的潜能。在某种程度上，亚里士多德把思考的生活与行动的生活看成两种不同人的人生：哲学家的人生和处理公共事务的人（希腊文：politikos）的人生。但这种区分并不完全，因为亚里士多德所理解的哲学家并没有退回到与世隔绝的状态当中，甚至哲学家必须依赖于社会而生存。社会尤其是城邦的存在，就是为了实现理性的善的生活，其中就包括获得实践理性和伦理德性的生活，这样的生活需要按照中道的准则去实践。因此，他修改了对幸福的定义的理解。这样的人是幸福的，"一个不是只在短时间中，而是在一生中都合乎完满的德性地活动着，并且充分地享有外在善的人"。同时他也一再地强调"我们要研究的显然是人的德性，因为我们所追寻的善或幸福是人的善和人的幸福。"①

二、"理性动物"的实践性

古希腊哲学家重视理性，追求理性是古希腊时期开放性的精神体现。古希腊时期伦理思想的主流大体上是在理性主义传统范围内发展

---

① 亚里士多德. 尼各马可伦理学［M］. 廖申白，译. 北京：商务印书馆，2003：29-31.

的，亚里士多德正是在这样的背景下继承了前人的理性传统，发展出自己的伦理正义思想体系。

一方面，亚里士多德的伦理学思考的出发点是人的特有活动的性质。带着这一问题，他分析了人在普遍意义上的独有特征。理性与语言是人区别于世界上其他生物的特征。按照亚里士多德的说法，人的独有特征在于人是有逻各斯（理性）部分的实践的生命，即人能够进行理性的推理。一种好的且富足的生活不只是远离伤害的安全和拥有物质上的保障，城邦的目的不仅仅在于提供一种抵抗任何伤害的共同防御联合，或者促进交流提升经济交往。城邦本身的目的在于实现人类的善，而人类的善，就如同任何生物的善一样，首先必须能够满足功能上的需求。好的人类活动区别于其他生物的方面在于人类具备理性的训练。同低等生物一样，人类有吸收营养、具备感觉知觉以及进行地面运动的能力，但除此之外，人还具有理性能力。由此，亚里士多德总结出"人的活动是灵魂的遵循或包含着逻各斯的实现"①。另一方面，亚里士多德以"理性之光"来隐喻理性在伦理实践中所起到的基础性作用。他在《灵魂论》中将理性分为实践理性和理论理性，理论理性投射到人实践事务上的那束光指导着人的实践行为。"这个实践理性仿佛是那个积极的（尽管并不行动）理论理性投射在实践事务上的一束光，它使实践事务显现出它的潜在的'颜色'。那潜在的'颜色'，也就是生活事实内涵的性质。"②

从认识论的角度来看，人需要两类知识，普遍的理论知识和具体的实践知识。实践智慧关注特殊性，与具体事务的知识相关。这类知识不是天生的知识，只有通过日积月累的经验才能够获得这类知识。同时实

①　亚里士多德. 尼各马可伦理学［M］. 廖申白，译. 北京：商务印书馆，2003：20.
②　宋希仁. 西方伦理思想史［M］. 2 版. 北京：中国人民大学出版社，2010：52-53.

践智慧又与普遍的知识相关，因为具体的实践知识需要一种更高的能力，即普遍的知识来指导它。受到医生父亲的影响，亚里士多德自小接触生物医学类的知识，他十分重视经验技术在实践中的作用。不同于柏拉图将理性同感性分离开来，亚里士多德提出认识始于感觉，在认识的发展过程中，经验是将感觉与理性联系起来的一项必要的中间环节。亚里士多德同样重视理性，但他并不否定现实生活中人们的情感欲求，可以说，他的理性基础从未离开经验世界。"实践是理性与经验的结合，实践理性使人能够在同感情和欲望相关的事务上判断得正确并且选择得正确。"① 因此，亚里士多德的实践智慧来自生活的经验，也是一种能应付复杂人生境遇的理性能力。知识的普遍性无法顾及特殊情境的多样性分析，实践智慧通过在具体情境中对善的敏锐感知来获得对杂多、差别且特殊性的考虑。"一个人凭借长期的生活经验，可以产生一种对事物的感觉，这种感觉即是对具体事物及其与普遍知识之联系的直觉。"②

从本体论的角度来看，个人对善的追求和谋划源于对共同的善的追求。为幸福的好生活的追求是内在的善，它不以其他东西为目的，却需要外化为外在的实践活动才能实现人的自身价值。"事物是外在的善和外在的价值，具有工具属性，一旦外在的工具成为目的，人就还原为动物界。"③ 人是理性的动物，理性是人类与动物最根本的区别。人是政治的动物，天生地要过共同的生活。人区别于动物的另一重要特征在于他的社会性，只有在一定的共同体中人才能够获得生存发展与自我实现。同时只有创造出一定的社会关系与社会性的活动方式，人才能够保

---

① 汪子嵩. 西方三大师：苏格拉底、柏拉图与亚里士多德［M］. 北京：商务印书馆，2016：283-287.

② 丁立群. 亚里士多德实践智慧思想及其复兴［J］. 世界哲学，2013（01）：14-25，160.

③ 池忠军，赵红灿. 善治的德性诉求［J］. 道德与文明，2007（02）：88-92.

持自身所应有的社会特质，保有人之为人的德性与良知。因此德性对人来说是人成为人的实践活动，只有符合德性的活动才是幸福的。

三、中道即正义

人的善在于灵魂合乎德性的实现活动，正是由于德性的优越才可能为善的实现创造条件。但更重要的是只有把德性实现并运用出来，一个人才可能获得幸福。"如果说伦理学是关于君子的修身齐家的成己之路，那么政治学则是关于君子的治国平天下的成物之路。"① 伦理学研究的是个人的善，政治哲学研究的是城邦集体的善。善德与正义是人作为"政治动物"的两个基本要求，实现善德与正义是城邦国家的政治目标。

亚里士多德主张善德在行于中道，行于每个人都达到中道。适如其量，公正处于做不公正之事与受不公正待遇之间。正义是一种中道，是与善相关的，并非独立于善之外。"公正是一切德性的总汇"。亚里士多德关注现实世界，关注人类社会的共同利益，以"人类社会范围内的善"为目的来研究城邦生活中最重要的德性——正义。正义既不是知识，也不是能力。"作为一种品质，正义使人倾向于做正确的事情，使他做事公正，并愿意做公正的事。"② 这种品质在于选择，并且是适度地进行选择。因此，正义是一种德性，是一种中道的德性。

在《尼各马可伦理学》中，亚里士多德认为只有通过中道才能获得最高的善，只有奉行中道原则才是最为正确的选择。在《政治学》中，亚里士多德同样强调了对大多数人来说最好的生活方式的关键在行

---

① 孙磊. 自然与礼法：古希腊政治哲学研究［M］. 上海：上海人民出版社，2015：234.
② 亚里士多德. 尼各马可伦理学［M］. 廖申白，译. 北京：商务印书馆，2003：126.

于中道,中道是城邦的最高道德标准,实现城邦的正义原则就是实现公民的至高善德。亚里士多德以限度为基础来详述他的中道(mesótes)①理论。

限度(limit)在古希腊人看来是非常重要的。限度是一种善,在道德价值的范围内,无限和无穷这两个概念相对限度而言等同于恶。这也是亚里士多德中道理论的基础。船受限于航行目的的远近,而有适度的尺寸大小。戏剧出于剧情描述的目的,不能太长或太短地去展现英雄命运的变化。同样的观点被应用在政治学关于财富的论述上,类似地,财富应以有道德的生活为目的而被限定在适中的数量范围内。从"限度"这一概念很自然地过渡到"中道"这一概念,"因为这是最好的计算方法去实现某些目的,而中道便成了就其自身来说最为有效的手段。较高的道德境界体现于中道的规范当中,这一中道介于两种极端的激情之间(鲁莽与怯懦,贪图享乐与禁欲主义),而每一种极端都具有明显的倾向性"②。举例来说勇敢有两个对立面——鲁莽与怯懦,怯懦是拥有太多的恐惧,而鲁莽又拥有得太少,每一种其他的德性也都是如此。德性是介于两种极端的恶之间的某种平均状态(a mean state between two extremes),过度与不及是恶的特点,一个朝向情感太多的方向,另一个则朝向情感太少的方向。中道原则便建立在这一重要的洞察力之上。人类的行为跨度和情感跨度是有范围的,而德性就在于成功地在这些范围中找到适合的尺度。

亚里士多德常常把中道界定为在正确的时间、正确的地点表达适当的情感并做出正确的行为。中道既存在于过度与不及之间,也是对正

---

① 中道,希腊语译为 mesótes,英文译为 the mean 或 the golden mean.

② BARKER E. The Political Thought of Plato and Aristotle [M]. New Delhi:Isha Books,2013:230.

确、适宜的描述，而这也是德性的主要特征。"愈是德性，就会愈是中庸；所以，德性在增大时不会使人变坏，而会使人变得更好。"① 在亚里士多德看来，正义是与他人相关的德性的总和。这并不是说正义是其他德性的组合，而是说正义是其他德性的基础，并贯穿其中。"一切与他人相关的德性总是预示着、隐含着正义。"② 正是由于有了实践智慧，各种德性才不是彼此孤立的存在。

中道至善是亚里士多德伦理学的基本思想，也是其正义理论的逻辑基础。中道思想贯穿亚里士多德正义观念的始终，只有适度的善才是人类社会的善，因此只有获得中道的至善才是正义的最终目的。"中道即正义"也就构成了亚里士多德正义理论的核心。而目的论的理论构架影响着亚里士多德的哲学思想，尤其体现在其政治哲学理论当中。"政治正义的至高境界——国家最终目的的实现，或作为一切政治要素的形式，其宗旨就是要实现'外物诸善、躯体诸善、灵魂诸善'。"③ 亚里士多德同柏拉图一样，主张正义的实现必须追寻某一高尚的目的，即城邦的共同利益，这种目的通过其内在的潜在性活动的充分展开而得以实现。

---

① 余纪元. 亚里士多德伦理学［M］. 北京：中国人民大学出版社，2011：130.
② 余纪元. 亚里士多德伦理学［M］. 北京：中国人民大学出版社，2011：135.
③ 王岩. 亚里士多德的政治正义观研究［J］. 政治学研究，2003（01）：64-72.

第二章

实践智慧与个体德性培育

亚里士多德的正义理论是一个有机系统，其中包含着个体德性与社会正义两个维度，而实践智慧、目的善、适度三个逻辑构成始终贯穿在这两个维度当中。实践智慧就个体而言意味着思考得好、行为得好和生活得好。实践智慧是个体德性修养的重要手段和理论基础。个体在运用实践智慧的同时，不仅具有了技术性的能力，还具备了在特定情境中通过适当的手段、适当的目的选择正确行为的慎思的能力。这意味着按照中道的标准获得合乎德性的实践生活。这种能力的获得需要通过不成文的风俗习惯进行训练引导，来培养行为习惯中的道德倾向。另外，基于实践智慧的个体，"善治"以友爱与正义作为个人德性行为活动的必要组成。道德主体通过实践智慧实现情感、能力与欲望的平衡。这是道德自律的前提，也是自我管理的前提。

第一节　实践智慧与技艺训练

亚里士多德伦理学思考的逻辑出发点是人的特有活动的性质。人的特有活动的性质包括功能性的生命活动和实践性的生命活动。实践性的生命活动包括理论、实践和制作三种活动。在三种活动中，理论活动的等级最高，而后依次是实践活动和制作活动。三种活动都有把握活动对象相应的求真品质。理论活动中把握对象题材的求真品质是努斯、科学和智慧。技艺是制作活动把握对象题材的求真品质。明智（实践智慧）是实践活动的求真品质（见图 1）。实践活动虽与制作活动相关，但技艺不同于明智，因此制作活动本质上不同于实践活动。

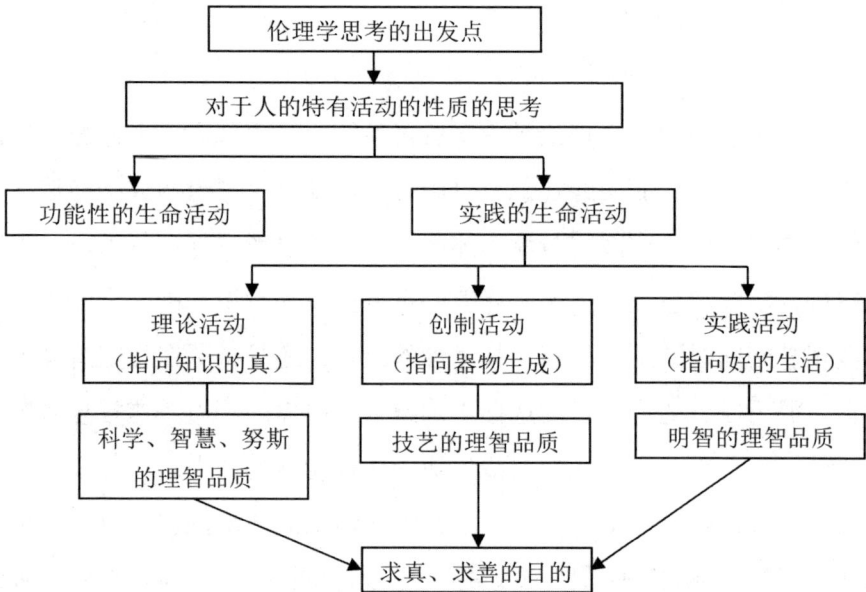

图1 人类特有的三类生命活动

Fig. 1 Three Kinds of Specific Vital Activities as Human Beings

一、运用技艺的创制活动与基于德性的实践活动

按照亚里士多德的分析，理论活动是对必然事物或是事物的本质属性进行思考的活动，目的是获得关于存在于世界的真的知识与理论。实践活动和制作活动与行为相关，是"改变事物状态直至达到某种更好

状态的活动"①。前者指实现对于人而言的好的生活，而后者指那些可能生成也可能无法生成的事物。"每种制作活动的目的是生成一项产品，当活动的目的是在活动之外的某种生成物或结果时，这种生成物或结果就比活动更为重要，这就决定了制作活动的基本性质：它从属于一个外在于活动的目的的产品，并成为使其生成的手段。"② 但对这类事物的改变必须在人的能力范围之内，像风云气象这类人无法对其产生作用的变化活动，就既不属于实践活动也不属于制作活动。

古典文明时期的人类对活动的社会分工还没有像现代社会如此清晰的界定，制作工具、必需品以及生活用品的活动同朴素的艺术活动尚未分离，因此也就可以理解亚里士多德为何将诗歌、绘画、演奏等艺术活动同医疗、航海等专业的技能活动都划分到工匠的制作活动范畴当中。亚里士多德所讨论的运用技艺的活动主要指：（1）个体独立从事的、旨在使某种尚不存在的事物生成产品的操作过程；（2）其对象为尚不存在的或是以质料或题材形式存在的事物，这种技术活动包含着研究；（3）在预先考虑的情况下改变能力范围之内的事情；（4）过程不可逆也无法轻易改变结果的事情。例如，顺利的航行只有通过航海家的航海活动才生成，病人的痊愈只有在医生的治疗活动中才会生成，楼宇通过建筑工人的工程活动完工而生成。

运用技艺的制作活动不同于理论活动与实践活动。亚里士多德将三种活动的性质进行区别比较，使得技艺作为理智的一种特别的品质被凸显出来，并同理智的其他品质一起存在于三种基本活动的复杂关联当中。制作活动相当于我们所说的生产活动，关注产品的制成。技艺在创制活动中指导外在器物的制作，活动本身并不是目的，对人的本质属性

---

①　宋希仁. 西方伦理思想史［M］. 2 版. 北京：中国人民大学出版社，2010：48-49.

②　廖申白. 亚里士多德的技艺概念：图景与问题［J］. 哲学动态，2006（01）：34-39.

不构成直接作用。运用实践智慧的活动则对人之为人有全面的影响，是对人的整体品质的一种表达，指导着人的道德与社会行为。人的生命实现活动首先是灵魂的一种合乎理性的实践，这种实践活动并不取决于他是否擅长某种制作活动。

就古希腊人而言，德性不仅仅是指人的道德性或人的优秀，也指任何旨在履行其本质功能的卓越性。"德性"一词在古希腊时期含义比我们所理解的"德性"要宽泛得多。"德性"一词在词源上同"善"相关，任何形式的好或优秀都可以成为有德性的。所有的生命物都有自己的德性，跑得快是马的德性，明视是眼睛的德性，即便是"无逻各斯"的营养和生长的部分也是具有德性的。"德性之于人意味着善于做某事，而善于做某事关乎种种技艺"，如工匠、木匠、猎人、农夫等的技艺，"拥有德性在某种意义上讲就是拥有某种熟练的技艺"①。因此在亚里士多德那里，技艺包含着德性。如果一个人熟练地掌握了他所从事的事情的技艺，那么他就会把这类事情做得很出色，他就是一个有德性的人。

与技艺不同，实践智慧与德性不构成包含关系，而是与德性密不可分。实践的目的不是为了了解德性，而是为了使自己有德性。亚里士多德讲究重视实现活动的性质，并将掌握熟练技艺的人称为有德性的人，而把实践智慧的行为定义为合乎德性的行为。他提出合乎德性的行为所应具备的三个条件②：第一，他必须知道那种行为，即对于所做的事的环境与性质是有意识的；第二，他必须经过选择而那样做，并且因行为的自身之故而选择它；第三，他必须出于一种确定了的、稳定的品质而进行选择。知识、选择与品质是实践智慧必备的三个要素，而技艺只需

---

① 赵猛."美德即知识"：苏格拉底还是柏拉图？[J].世界哲学，2007（06）：13–25.
② 亚里士多德.尼各马可伦理学 [M].廖申白，译.北京：商务印书馆，2003：37.

要知识就可以了，实践则是目的内在于自身的活动，良好的实践自身即目的。

　　亚里士多德始终将基于技艺或艺术的制作活动与基于德性①的实践活动进行类比参照。技艺与德性有着相似之处。第一，德性同技艺一样要先运用它们而后才会获得它们。"善是技艺，获得它们的方式就如同我们获得技艺的方式"②，德性通过习惯而形成，我们要先去做它要求的事，才会获得它。通过做公正的事才会成为公正的人，技艺同样如此。技艺是通过学会那些应当做的事来获得的，正如通过从事木工工作我们成为木匠。同样是实践的活动，技艺的进步是在时间与经验中实现的。通过一种重复的操作训练，我们一般都会在这方面得到提高，而德性思维主要通过学习或训练来获得，它同样需要时间与经验的积累。第二，德性因何原因、何种手段而养成，也就会因何种原因、何种手段而毁丧。技艺同样如此。德性不仅产生、养成与毁灭于实践活动，同时也实现于行为活动。好工匠与坏工匠都出于匠艺，优秀的建筑师与蹩脚的建筑师都出于建筑活动中。同样，社会交往中有的人成为公正的人，而有的人则成为不公正的人，所处环境与所形成的习惯不同，人的德性也就不同。第三，基于德性的实践活动与基于技艺的制作活动都是有欲求的。实践的理智活动是获得相应于遵循着逻各斯的欲求的真③，目的或经过思考的欲求的真是实践理性的出发点，因为无论要制作何物，他都总是要预先有某个目的。而我们所要研究的人的德性，所追求的是人的

---

①　在这里与技艺做类比的德性，通常是指道德德性，道德德性的养成不出于自然，要通过习惯来获得，也不反乎自然，我们接受德性的能力为自然所赋予。

②　加勒特·汤姆森，马歇尔·米斯纳. 亚里士多德［M］. 张晓林，译. 北京：中华书局，2014：110.

③　亚里士多德. 尼各马可伦理学［M］. 廖申白，译. 北京：商务印书馆，2003：168.

善和人的幸福，"幸福是一种合于完满德性的实现活动"①。第四，技艺同德性一样与困难的事务相关，技艺作为理智的一种把握存在世界的真的品质，似乎只与困难的制作活动相关。"正因为相关的活动困难，人们才把正确的活动所包含的这种理智品质看作一种善。"② 就像道德德性仅同适度地对待快乐与痛苦这些困难的事务相关联一样，只有"具有逻各斯的人或张或弛地瞄准目标"③，张弛得当并符合逻各斯的品质才被称为是有德性的。

二、技术性的善与实践的善

作为制作的技艺活动与作为实践的德性活动都依赖于某种实践智慧。不同的是，技艺的实践智慧几乎无关人自身的善恶好坏，只关乎所制作对象的好坏。制作的目的是获得相对于制作对象而言的适度，而德性的目标在于情感与实践事务上达成相对于我们自身的适度，即一种在人的伦理实践行为上的"中道"选择。

制作与实践虽都以某种善为目的，但两者的目的并不相同。奥特弗里德·赫费提出从"追求"和"目的"这两个基本范畴的关系研究来探讨"创制活动"和"实践活动"的区别。目的在追求之内或者追求之外，或者是为了实践活动本身，或者是为了超越实践活动之外的结果。创造或制作是使某物产生的技术行为，原则上说，不存在以自身为目的的最高级的作品，生产制作的目标是产品。产品完成时，制作活动也就结束了，技艺本身是没有最终目标的。而从内在方式上讲的"实

① 亚里士多德. 尼各马可伦理学 [M]. 廖申白，译. 北京：商务印书馆，2003：32.
② 廖申白. 亚里士多德的技艺概念：图景与问题 [J]. 哲学动态，2006（01）：34-39.
③ 亚里士多德. 尼各马可伦理学 [M]. 廖申白，译. 北京：商务印书馆，2003：165.

践"或"行为",是在实践活动中找到自身意义的行为。技术性的善以一种独立结果存在着,而实践的善却体现的是一种实践活动的质量。正义仅存在于正义的行为之中,勇敢存在于战胜危险之中,慷慨体现在把自己的占有物赠给他人。伦理学是实践的科学,"伦理学的对象不是一些现存的东西,一种好的行为从实践角度理解永远不会像好的创制那样仅是手段,它是以自我为目的的"①。因此可以说技术性的善是外在于制作活动的,而实践智慧的善就是活动本身,做得好本身就是一个目的。

人的每种活动都在追求某种善,制作活动也要预先有某种目的。就制作活动来说,每种具体活动的目的都会引起某种具体操作活动的生成,或者表现为某种目的产品或者表现为某种目的状态。技术性的善可以被看作服务于人的某种具体目的的手段。因此,可以说技艺的知识只能在有限范围内对可变化事物的操作活动具有有效性,技术性的善也就代表着有限的理智的善。实践的考虑应当为着某种善的目的。每一种技艺都可以被看作服务于人的某个具体目的的手段。在实践事务上,当明智没有充分发挥作用时,不良的欲望出于某种利己的目的就可能在总体上对人有害。基于此,莱特将实践智慧概括为以下四方面的内容:慎思、正确的有价值的目的观念、道德的动力因以及整体性反思。② 他尤其指出,技艺与德性中的实践智慧的类比容易使我们忽略实践智慧的目的善观念,因为亚里士多德及其开创的德性伦理学传统中所理解的实践智慧,其独特之处在于伦理的实践智慧必须具有一种或者一套有价值目

① 奥特弗里德·赫费. 实践哲学:亚里士多德模式 [M]. 沈国琴,励洁丹,译. 杭州:浙江大学出版社,2011:11-12.

② HACKER-WRIGHT J. Skill, Practical Wisdom, and Ethical Naturalism [J]. Ethic Theory Moral Prac, 2015, 18:984.

的的正确观念。或者说，在亚里士多德的实践智慧中，目的引导着慎思，而在技艺行为中，慎思只是作为功能性而没有目的性的引导。

一方面，为了获得实践智慧，我们必须将我们的生活作为一个整体来进行反思，并形成一种关于什么是生活得好（live well）的观点，这其中包括决定哪些活动是值得追求的。实践智慧没有限定的领域，因为任何行为都可以从是否"做得好"（do well）的角度来审视。"实践智慧的善需要洞察人生，而不被任何技艺所需要，这种洞察力同时也需要一种没有任何技艺要求的反思。"① 实践智慧"关乎人的整个生命和人类生命的终极目的"，而技艺具有一项特殊的使命，它体现的仅仅是一种功能（希腊文：ergon）。另一方面，获得这样一种必要性反思是有别于任何技艺在另一种秩序上对认知的实现（an epistemic achievement of a different order）。实践智慧的善给目的以权利，而技艺的善仅在于实现我们预先设定的对目标的好的推理。这会让我们把实践智慧视为一种独特且主要的德性，它具备一个必要构成，但在技艺的概念中却并没有体现这一点。

三、技艺与"推理的思虑"

技艺当中包含着研究，这种研究是一种"推理的思虑"。"推理的思虑"包含题材或质料的性质、产品的目的性预期以及两者间的关联。正如为了瞄准靶心，"不免要有张有弛地做些调整，以便这些中间环节的每一步都是足够稳妥且可行的，还要时时关注使这些调整不致偏离了目标"②。技艺的过程关注理性对事物结果的把握，借助推理的考虑并

---

① HACKER-WRIGHT J. Skill, Practical Wisdom, and Ethical Naturalism [J]. Ethic Theory Moral Prac, 2015, 18：985.

② 廖申白. 亚里士多德的技艺概念：图景与问题 [J]. 哲学动态，2006（01）：34-39.

展现出"技艺推动努斯表达出对目的产品的生成过程的末端的直觉"①。考虑的主体是有理智的人，考虑的对象既不是永恒的事物，也不是总以同一方式运动的自然规律或必然事务，更不是不以同一方式出现的偶发性事务。我们能够考虑和决定的是属于我们能力范围之内且可以通过努力获得的事务，如医疗和航海，我们考虑技艺多过科学，因为技艺要更难判断一些。

技艺需要考虑。首先，技艺在实际操作过程中存在很多的不确定因素，考虑会和突发事件以及并没有弄清楚情况的相关知识联系在一起。当产生重大的突发情况时，我们无法凭借一己之力做出审慎的判断，有时会需要其他人的帮助。其次，我们所考虑的不是最终目的，而是朝向目的实现的方式方法。考虑只是实现目的的一种手段，正如医生首先要考虑的是如何治愈具体的疾病，而不是保证病人在抽象意义（最终目的）上的健康。最后，考虑的终点也是行为的起点。考虑到问题从哪里着手，找到了这个点，考虑便完成，行动便开始，因此可以说考虑是行动的始因。对技艺的考虑就是"对以自身努力可以去做的事情的考虑"②，考虑用何种手段何种方式利用技艺达到预先的目的。

许多技艺在相应的技术性活动过程中都需要考虑或是进行反思，如医生需要考虑到病人的患病状况，同样也要考虑选择恰当的治疗办法和治疗过程。技术上的任务是相当明确的，但医生在技术方面的行为仅仅是为了证明他完成了他有充分理由所认为的能最大限度改善病患状况的行为。考虑可能发生的两类错误，一类是在普遍知识方面，一类是在具体内容方面。因此技艺不仅要在技术上进行考虑，还要在具体的技术性

---

① 廖申白. 亚里士多德的技艺概念：图景与问题［J］. 哲学动态，2006（01）：34-39.
② 亚里士多德. 尼各马可伦理学［M］. 廖申白，译. 北京：商务印书馆，2003：69.

活动过程中进行反思。有些技艺尤其是艺术类的技艺很大程度上受益于这种过程性的反思，比方说弹奏钢琴或者演绎舞蹈。目的性的反思会带来一种新颖且富有洞察力的表演，在这种情况下，就可以说它是最具有技术性的表演。①

第二节　实践智慧与中道选择

人的"善"目的是在实践活动中表现出良好的、有道德的行为。人类的理性活动具备两种德性：理智德性与道德德性。理智德性是严格意义上的德性，它离不开实践智慧和正确的逻各斯，主要通过教导来发生发展。相比较而言，道德德性作为一种品质同快乐和痛苦相关。节制、慷慨、勇敢、正义这些品质都是自然的馈赠，它同我们整体的复杂的本性、情感相关，也同理性相关。（见图2）"道德德性是灵魂的进行选择的品质，选择是经过考虑的欲求，要想选择得好，逻各斯就要真，欲求就要正确，就要追求逻各斯所肯定的事物。"② 这种选择与考虑同实践相关。

道德德性是同实践与感情相关的。从性质范畴来看，德性是一种品质，一种我们同情感的好或坏的关系。如果勇气过盛或过弱，我们就处在同勇气的情感的坏的关系中；如果勇气适度，我们就处在同这种情感的好的关系当中。从数量关系来看，道德德性是一种适度③，是数量上

---

① HACKER-WRIGHT J. Skill, Practical Wisdom, and Ethical Naturalism [J]. Ethic Theory Moral Prac, 2015, 18: 986.

② 亚里士多德. 尼各马可伦理学 [M]. 廖申白，译. 北京：商务印书馆，2003：168.

③ 亚里士多德认为理智即灵魂有逻各斯的部分除了不是靠习惯养成之外，也不具有连续的事物的那种可分割的性质，因此适度的分析并不适用于理智德性。

连续而可分的实践事务上的一种量化。适度由逻各斯规定，是过度与不及两种恶中间的某一确切的点。这种数量关系并不是简单地相对于过多或过少而言的中间，而是在这两者之间的，相对于实践者的，几何比例的适度。

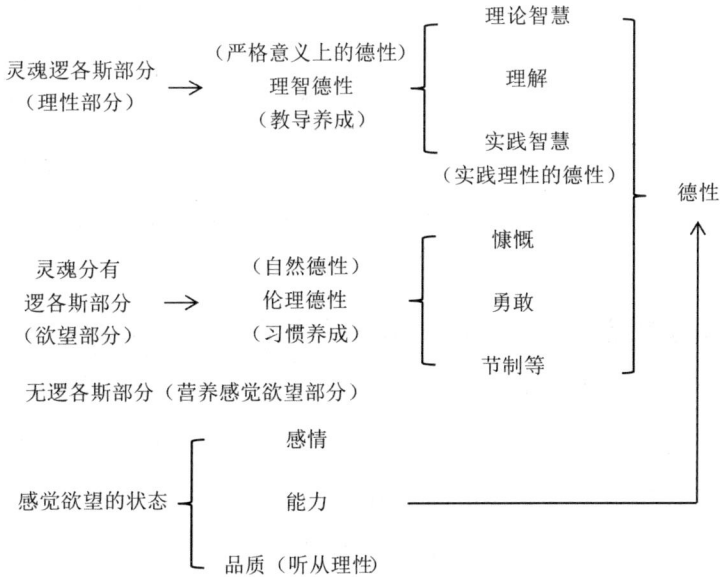

图 2 德性的分类

Fig. 2 Classification of Virtues

一、数学几何式的量化概念

为解决伦理学的核心问题，亚里士多德以限度为基础，运用了一种数学——几何式的类比分析法（a mathematical-geometrical analogy）来详述其著名的中道理论。适度是德性的特点，亚里士多德也承认，这样的说法是大众所熟识的。增一分则长，减一分则短，过度与不及都会破坏平衡。亚里士多德选择这种常识作为研究的起点，是因为德性的价值属性能够以量的方式被呈现出来。只要将道德价值从质变转化为量变，那么这种在伦理学中对数学——几何式方法的运用便会成为可能。① 如果研究中关于何为善的标准是这样的：我们无法增一分也无法减一分，那么善就以同样的方式被定义为折其两端而取平均的点。伦理学家就能够发现，德性的研究方式就像几何学家能够执线的两段而取中点的研究方式。

这种道德价值量化（the quantification of the moral value）的目的是能够提出一种数学几何式或者类似数学几何式的方法。这种尝试在其著作论述中是非常明确的："在每种连续而可分的事物中，都可以有较多、较少和相等，这三者既可以相对于事物自身而言，也可以相对于我们而言；而相等就是较多与较少之间的'中道'。就事物自身而言的'中道'，我指的是距两个端点相等的中间，这个中间对于所有的人来说是唯一的；而相对于我们的'中道'，我指的是那个既不太多也不太少的适度，它不是唯一的，而是不确定的，就每个人而言都是不同的。"② 但以一种数学——几何式的基础作为前提去定义善，未免过于简单化，尤其在道德价值的范围内，是难以将其可测量化的。在判定中道如何"适度"的问题上，亚里士多德认为无法确定一个绝对固定的标准，而要把握这一"适度"，需要根据环境、人以及对象的不同而做出相应的判断。例如，一个人会被要求非常生气，有时又被要求不必那么慷慨，这取决于环境，适度本身没有一个普遍的标准。

亚里士多德进一步论证，"只有在伦理学领域中，在判断善与恶、对与错、公正或不公正、有德或无德的品性时，我们才会用到这种概

① KRAMNICK I. Essays In the History of Political Thought [C]. Englewood Cliffs：Prentice-Hall，1969：47.

② 亚里士多德. 尼各马可伦理学 [M]. 廖申白，译. 北京：商务印书馆，2003：64.

念；也就是说，前提是我们预设一种规范是否得当作为其合理性的依据。"① 在关于一种特定的人类行为是善或恶、对或错、公正或不公正、有德或无德的陈述中，我们已经预设了某种行为是否应该如此。这种"应该如此"或"期待如此"构成了一种规范。达成这一规范是目的，而非达成目的的手段。这是一个价值判断，并且这一判断是就我们自身而言的。也就是说，在这一陈述中，我们要考察的是这种行为是与预设的规范相一致，还是与预设的规范相矛盾。如果人的行为与预设为合理的规范相符，那么我们可以说他服从这一规范。如果他的行为与规范不符，因为它与规范相矛盾，我们便说他违反了这一规范。

这种预设表明，在区分两种极端的恶的同时，只有在存在两种不同的规范来约束人的行为的情况下，亚里士多德的中道理论才能够成立。也就是说，只有从其本质或概念上来进行讨论时，德性才是适度的。作为一位带有强烈经验主义倾向的思想家，亚里士多德常常强调在实践科学领域中公认的意见（received opinion）的重要性，而在公认的意见中一个核心的要点是"万事切忌过分"（nothing in excess）。古希腊人伦理上的性情与这个格言十分吻合：理想状态是一种稳定的平衡状态，同时理想状态下的个体具备了保持这种平衡的能力。"也许这是一个民族的自然倾向，他们会意识到感情上的性情和能力会走向极端；但同智力相关的，也同感情相关：这是哲学家的理想，也是公民的理想。"② 因此，有限成了德性，无穷无尽则是恶的象征。"道德被当成是一种确定的秩序的获得，它被认为是相对于人类情感的'无限性'而言的一种

① KRAMNICK I. Essays In the History of Political Thought［C］. Englewood Cliffs：Prentice-Hall，1969：48.

② BARKER E. The Political Thought of Plato and Aristotle［M］. New Delhi：Isha Books，2013：472-473.

限制，在限制当中人类的情感会常常变化"。这也是亚里士多德伦理学的核心思想：德性本质上是一种有限度的中道，同时德性构成了对无序地趋向于不足或过度的情感的一种约束。因此，可以说实践智慧"部分地源自普遍的古希腊世界的伦理性情，部分地来自对秩序的一种哲学上的需求———一种通过理性在物质世界加以限定的需求，同样的，在道德世界中，也需要这样相似的限制"①。这不仅仅是对伦理生活实践的要求，也是对政治生活实践的要求。

二、适度与选择

作为一种品质，德性代表着"使得其德性的那事物的状态好，又使得那事物的活动完成得好"②。某一事物的德性是相对于它的实践活动而言的。成就着德性也就是成就着德性的实现活动，良好的习惯通过好的行为的实践来获得。"我们通过做公正的事成为公正的人，通过节制的行为成为节制的人，通过做事勇敢成为勇敢的人。"③ 因此可以说人的本质取决于人类自身的现实活动的性质。实践德性体现在现实生活中理性的善的活动，包括获得实践理性与道德德性的实现活动，这样的生活需要按照中道的准则去实践。④

适度的含义在于：（1）它是过度与不及之间选取的某一点；（2）它以选取感情与实践中的那个适度为目的；（3）适度需要依靠实践智慧。道德德性同感情与实践相关，而感情与实践之中存在着过度、不及与适

① BARKER E. The Political Thought of Plato and Aristotle [M]. New Delhi: Isha Books, 2013: 472-473.

② 亚里士多德. 尼各马可伦理学 [M]. 廖申白，译. 北京：商务印书馆，2003：45.

③ 亚里士多德. 尼各马可伦理学 [M]. 廖申白，译. 北京：商务印书馆，2003：36.

④ KRAMNICK I. Essays In the History of Political Thought [C]. Englewood Cliffs: Prentice-Hall, 1969: 64.

度。快乐与痛苦的感受，太多或太少的情形都是不好的。例如，怯懦是一种不及，因为它太过缺乏信心，鲁莽是一种过度，因为它拥有过多的信心；挥霍是一种过度，因为它在快乐上过于放纵，冷漠是一种不及，因为它拥有太少对快乐的喜悦。伴随或产生一种具体行为的感觉可能具有不同的强度，太多或太少本身是一种价值判断。只有当我们预设了一个具体的程度是某个"恰当"的数值时，这种判断才成立，由这种确切的"适当"所伴随并产生的感觉行为才是正确的。

"正确的量化"也许会在两个极端之间无限地超出多个量级，因此亚里士多德区分了两种适度，主观的适度与客观的适度。主观的适度是就事物自身性质而言的，就像直线取等距离一分为二那样。直线的两端是必须被确定的，而客观的适度所表达的是就我们自身性质而言的，是被决定和可决定的，是因人而异的适度。德性是两恶之间的适度，因为德性作为一种适度在两种极端之间，这两个"极端"无法像直线确定两个端点那样被决定。我们所能找到的德性都是处在两种恶之间的某个位置，因此没有理由去假设德性准确地处在中间点。

有时适度要偏向过度一些，有时要偏向不及一些。也许有人还无法达到适度，但他可能已经在正确的轨道上了。因此，德性不仅是一种"适度"，还是"正确的过程"[1]。关于德性，亚里士多德给出的定义是这样的："德性是一种选择的品质，存在于相对于我们的适度之中。适度是由逻各斯来确定的，就是说像一个明智的人会做的那样地确定的。"[2] 要拥有德性需要实践智慧，因为实践智慧使得实践者始终能够

---

[1] KRAMNICK I. Essays In the History of Political Thought [C]. Englewood Cliffs：Prentice-Hall，1969：51-52.

[2] 亚里士多德. 尼各马可伦理学 [M]. 廖申白，译. 北京：商务印书馆，2003：47-48.

"在适当的情境下以正确的方式做出正确的行动，而行为的正确性或适当性本身就是行为者德性的体现"①。根据中道学说的原始公式，适度由两种极端决定。但"就我们自身性质而言的适度"是无法以这种方式被决定的，因此就没有"适度"可言。适度由"实践智慧（明智）"决定，"实践智慧（明智）发出命令，因为它的目的是一种我们应该做或不做的状态"②。这才是对"德性是对我们自身性质而言的适度"的真正含义的阐述。

实践的始因是选择，"实践的始终是有选择的目的的行为"。选择不仅像知识与意见一样包含着逻各斯与明智，而且更重要的是包含着预先的考虑。③选择与德性有着密切的联系，而且比起行为更能判断出一个人的品质。一方面，选择的实践包含着意图与能力对目的善的追求。我们成为具有某种品质的人，是由于对于善的或恶的东西的选择，我们称赞一个选择，是由于它选择了正确的东西，而且好的选择在于我们只选择我们知其为善的东西。另一方面，在亚里士多德的用法上，选择主要是针对手段和方法的选择。这种选择所包含的目的性意图是从属性的目的性意图，并非目的本身。"选择自欲求和指向某种逻各斯开始，离开了理智和某种品质就无所谓选择。"④

三、出于意愿、违背意愿与无意愿

德性是在我们能力之内的，我们所选择的行为活动是在我们能力范围之内的，是出于我们自己的意愿的。"无人愿意作恶"被认为是梭伦

---

① 刘宇. 实践智慧的概念史研究 [M]. 重庆：重庆出版社，2013：166.
② 亚里士多德. 尼各马可伦理学 [M]. 廖申白，译. 北京：商务印书馆，2003：183.
③ 亚里士多德. 尼各马可伦理学 [M]. 廖申白，译. 北京：商务印书馆，2003：67.
④ 亚里士多德. 尼各马可伦理学 [M]. 廖申白，译. 北京：商务印书馆，2003：168.

的观点，亚里士多德赞同这样的说法。"实现目的的手段是考虑和选择的题材，那么与手段有关的行为就是根据选择而确定的，就是出于意愿的。"① 选择包含着在先考虑的意愿的行为，显然选择是出于意愿的。亚里士多德在《尼各马可伦理学》第三卷第一章着重分析了出于意愿、违背意愿与无意愿之间的关联与区别。

德性在希腊人的概念中是与意愿联系在一起的。德性是可称赞的品质，同时也是选择的品质。我们称赞出于意愿的感情和行为，选择的也就是出于意愿的，是意愿在人身上的特殊的形式。在某个特定时刻，实践的行为是被选择的。行为的目的取决于做出行为的那个时刻，而行为是否出于意愿也只能取决于那个时候，因此行为的初因在人自身，出于意愿也在于人自己。当初因不在当事者自身且当事者对之完全无助的行为是被迫的，是违反意愿的。但同时，实践属于具体的个别范畴，因为行为的初因在于当事人自身。一项行为尽管就其自身而言是违反意愿的，却在某一特定时刻可以为着某一目的而选择，就此说来它又是出于意愿的。究竟选择哪种行为更适当，需要根据具体情况而定。按照亚里士多德的理解，行为本身属于"个别事务"，出于意愿的选择也不能在善的一般问题上下结论。

出于意愿的行为是"行动的始因在了解行为的具体环境的当事者自身中的行为"②。违反意愿的行为是被迫的或是处于无知状态的。还有另外一种情况，出于无知的行为是无意愿的。出于无知的行为，是由于对行为本身和环境无知识或者不知情而做出的行为，这种行为是不可避免的。处于无知状态的行为，是行为本身和环境处于无意识的状态，这种行为不是一个本无知识的人的行为，而是一个有知识但没有实际地

---

① 亚里士多德. 尼各马可伦理学 ［M］. 廖申白，译. 北京：商务印书馆，2003：72.
② 亚里士多德. 尼各马可伦理学 ［M］. 廖申白，译. 北京：商务印书馆，2003：64.

去运用知识的人的行为，是属于我们所说的不经心地或由于疏忽而做出的行为，是可以避免的。前者（出于无知的行为）意味着行为者不必对行为的结果负责任，因为他没有能力预见这种结果，就算事后他很后悔，也不能说他是违反意愿的。而后者这种处于无知状态的行为才是无知的行为的充分意义，因为行为者对自己的行为的结果负有责任，且对自己所形成的疏忽的品质负有责任。处于无知状态的行为是违反意愿的。一个前提条件是当事者对行为有感情上的痛苦和悔恨，而且这种违反意愿是针对个别事物的。但无意愿的出于无知的行为是不公正的行为，因为行为者并不知道何种事物是有益的，那么在选择上对普遍事物的无知所造成的行为就不是违反意愿的，是恶的原因。

第三节　实践智慧与慎思习惯

实践的生命活动在运用理性的过程中获得理性力量，思考始因不变事物的理性活动是理论理性的活动，而思考可变事物的理性活动则是实践理性的活动。同低等生物一样，人类具备吸收营养、获得感觉知觉以及进行地面运动的这类功能性的能力，但除此之外，他还有理性能力，好的人类活动区别于其他生物的方面是人类具备理性的训练。柏拉图只承认一种理性，亚里士多德将理性分为了理论理性与实践理性（见图3）。灵魂所欲把握的真有两种：沉思的理智又称理论理性，其把握的是事物本然的真，它不是欲求且没有目的；实践的理智又称实践理性，其把握的是相对于目的的或经过考虑的欲求的真。① 理论理性主要包括

---

① 亚里士多德. 尼各马可伦理学 ［M］. 廖申白，译. 北京：商务印书馆，2003：168.

努斯、科学和智慧，努斯求得科学理论的前提之真，科学求得推论性知识之真，而智慧是努斯和科学的结合，三者都属于认知性的沉思。理论活动以始因不变的事物为对象，理论理性的客体包括我们今天所谓的科学研究的客体、数学研究的客体以及形而上学研究的客体。

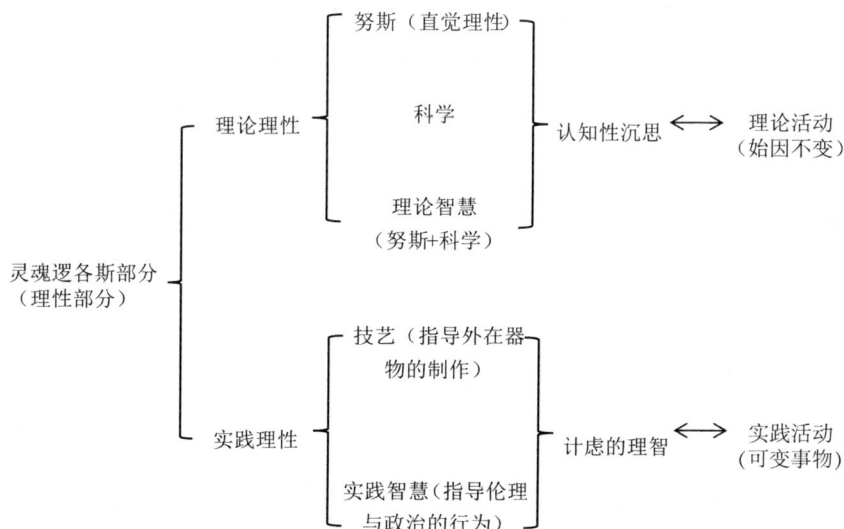

图 3　理性的分类

Fig. 3　Classification of Reasons

一、实践智慧与理论理性

在运动与静止对立关系的思考中，亚里士多德认为运动属于自然的研究范畴，是自然科学的研究对象；静止是另一种科学，是形而上学或"第一哲学"的研究对象。所有证明的结论以及科学都是从始点推出的，亚里士多德将这个始点称为努斯。欲求和努斯能够产生位置移动，是引起动物和人的运动的原因。欲求是实践理性的出发点，而努斯与欲求相对，是灵魂基于某种目的而把握可变动的题材的能力的总称。

智慧是各种科学中最为完善的。"有智慧的人不仅知道从始点推出的结论，而且真切地知晓那些始点。"① 智慧不仅属于人，还是人与更高的存在物共享的，并与永恒的事物相关。亚里士多德提出了一个爱智慧即哲学的定义，哲学是努斯与科学的结合，而哲学或智慧在最高境界上是神学，是关于纯粹的、不变的存在之科学。智慧并不考虑当下的利益，也不考虑那些增进人的幸福的事务，而实践智慧与公正的善的事务相关。实践智慧与德性共同完善着活动，基于特定目的而去做的事情并不是德性，而是另外一种能力。亚里士多德将明智与聪明进行区分，他认为作为手段，明智有一个更高尚且善的目的，而聪明针对的是任何一个明确了的目的。也有可能是对于恶的目的，受到欲望的不良习惯的影响，恶会扭曲实践的始点或在始点上造成假象，聪明很容易蜕变成狡猾。

科学是对普遍的、必然的事物的一种解答，是依靠证明的。科学的对象是由于必然性而存在的，是永恒的，我们以科学方式知道的事物是不会变化的。另外，科学的知识是可以传授并习得的，"只有当一个人以某种方式确信，并且对这结论依据的始点充分了解时，他才是具有科学知识的"②。

理论的学科处理的是对人类来说不可改变的客体，因此其目的是理解而不是改变这些客体。实践的和制作的学科处理的是对人类而言不断变化的客体，因此不仅仅是为了理解，同时也是为了改变这些客体。理论化的学科引领人类不断向永恒与不朽靠近，这种靠近叫作接近真理。实践科学试图通过人类的研究发现将外在的事物融入规范当中。因此，理论科学分析的是既定的材料，直到思维完全吸收了这些材料——从原

---

① 亚里士多德. 尼各马可伦理学［M］. 廖申白，译. 北京：商务印书馆，2003：175.
② 亚里士多德. 尼各马可伦理学［M］. 廖申白，译. 北京：商务印书馆，2003：171.

因、过程、结果中，而真理的产生便是认知与客体的完全符合。实践的科学分析的是方法和手段，即将外部对象引入到规范的手段中。两种学科运用的是不同的能力，"理论科学运用的是科学的理性部分（scientific faculty），而实践科学运用的是计算的理性部分（calculative faculty）。在道德行为的领域，计算的能力被称为道德的审慎或政治学，前者关注的是个人及其福祉，而后者关注的是社会的福祉"①。

每一门科学都须依据其对象寻找适合自身的方法。实事求是的明确性与分析性的明确性在于"精确并非以同样的方式体现在所有的话语中"②，不同的言论或不同的哲学学科无法以同样的方式得以圆满实现。更重要的是，在不同的科学中均存在各自不同的明确性和与之相应的各自的精确性。哲学的解答具有差异性并且以对相关事物的充分认识作为前提。"根据分析性的明确性理念，当一门科学对其研究对象的要素、原因及原理进行实事求是的深入研究时，那么这门科学便是精确的。"③科学并不处理具体的事务，而实践智慧是同具体的东西相关的。确定善的概念的问题，需要通过形而上学来研究，伦理学和政治学的研究只是实践的研究。伦理学与政治学是科学又是技艺，"它需要两个条件，没有生活的经验便无法从事实践的研究，然而没有实践理性的发展，政治学就将仅仅是技艺而不是科学"④。

努斯是对事物始因的领悟与把握，也是运动的原因。实践的事务是有终极的，对于它们的真或正确的理解有一个停止点。在实践事务中，

① BARKER E. The Political Thought of Plato and Aristotle［M］. New Delhi：Isha Books，2013：237-238.

② 亚里士多德. 尼各马可伦理学［M］. 廖申白，译. 北京：商务印书馆，2003：6-7.

③ 奥特弗里德·赫费. 实践哲学：亚里士多德模式［M］. 沈国琴，励洁丹，译. 杭州：浙江大学出版社，2011：69-70.

④ 宋希仁. 西方伦理思想史［M］. 2 版. 北京：中国人民大学出版社，2010：51-52.

努斯的任务是把握终极的、可变的事实和小前提,这些构成了目的的起点。因此可以说,我们对某些具体事务的感觉来自努斯,这些品质人生来就有。"尽管不是生来就有智慧,一个人却生来就会体谅、理解,也生来就具有努斯。"① 因此努斯既是始点,也是目的。普遍的东西出于具体,对具体事务的论证既从这些普遍的东西出发,又是以它们为题材的。

亚里士多德在区分自然德性与严格意义上的德性时提道:"如果自然的品质加上了努斯,就使得行为完善,原来类似德性的品质也就成了严格意义上的德性。"② 在他看来,德性作为一种合乎明智(实践智慧)的品质就在于发挥了正确的逻各斯的作用。就某种意义上来说,实践智慧就代表着"正确的逻各斯"。

努斯与实践智慧在逻辑上是同范畴的,都是直接地把握对象的能力。努斯相关于始点,始点是讲不出逻各斯来的。实践智慧相关于具体事物,是思考的终点,而对实践智慧对象的把握首先依靠的是一种不同于具体感官感觉的直觉体验。努斯又称直觉理性,直觉不同于具体的感官感觉,更倾向于我们所说的共同感觉或常识。在亚里士多德看来,直觉理性不仅是理论理性的始点,同时也是实践理性的基础。这种直觉不仅是人天生所具备的,而且随着经验的增加,这种直觉理性能为演绎或推理的陈述提供前提。对于有经验的人、年长的人和实践智慧的行为者,他们的见解和建议即便是未经证明,也应当像得到了验证的东西那样受到尊重。可以说,狭义的努斯是与智慧、科学、实践智慧以及技艺等同的品质,广义的努斯则不仅体现在科学和智慧当中,同时也是在实践智慧和技艺中把握思考的始点的理智活动方式。

---

① 亚里士多德. 尼各马可伦理学 [M]. 廖申白,译. 北京:商务印书馆,2003:185.
② 亚里士多德. 尼各马可伦理学 [M]. 廖申白,译. 北京:商务印书馆,2003:189.

二、实践智慧与技艺

技艺和实践智慧属于实践理性的范畴，二者的客体则是人类社会范围内的善。二者是计虑或算计的理智，研究的是可变事物，寻求的是生产制作与实践之真。二者虽是理智的同一类品质，但技艺又不同于实践智慧。第一，制作的逻各斯的品质与实践的逻各斯的品质不同。实践智慧是一种"同善恶相关的、合乎逻各斯的、求真的实践品质"①，而亚里士多德给予技艺的定义是一种"与真实的制作相关的、合乎逻各斯的品质"②，是制作的智慧。同时技艺是构成事物的一种方法，其有效性体现在制作者的行为当中。也就是说，使用的技艺几乎无关人的善恶好坏，只关乎对象的好坏。当然，使用事务的技艺也是可以关乎人的善恶的，但必须是在智慧引导下，也就是必须"正确地使用技艺"。因此在某种程度上，亚里士多德的实践智慧"似乎包含了柏拉图所说的智慧和使用的技艺"③。第二，始因不同。制作的始因是制作活动的外在，而实践的始因就是活动本身，做得好本身即是一个始因。制作是一种生产活动，其全部意义由产品规定，活动仅仅是外在目的的手段。技艺的产品，其善在于自身，只要具有某种性质，便具有了这种善。而合乎德性的行为"并不因为它们具有某种性质就具有了相应的善，譬如说，公正的或节制的。除了具有某种性质，一个人还必须是出于某种状态"④，是一种总体上的善。第三，技艺出于意愿的错误比违反意愿的错误要好。从某种意义上说，技艺与运气是相关于同样一些事物的，技

---

① 亚里士多德．尼各马可伦理学 [M]．廖申白，译．北京：商务印书馆，2003：173.
② 亚里士多德．尼各马可伦理学 [M]．廖申白，译．北京：商务印书馆，2003：172.
③ 刘宇．实践智慧的概念史研究 [M]．重庆：重庆出版社，2013：108-112.
④ 亚里士多德．尼各马可伦理学 [M]．廖申白，译．北京：商务印书馆，2003：42.

艺是获得好的产品的一种手段和工具，好的产品可以偶然因幸运而制成。而实践智慧这方面，同德性这方面一样，好的行为必须在每一步都由正确的理性作指导，出于意愿的错误会更糟。

另外，技艺行为与德性行为中的实践智慧也存在着多方面的区别。第一，技艺行为与德性行为中的实践智慧在功能上存在差别。例如，不同的技艺表现为不同功能的工作，烘焙师不一定具备维修工的能力，而德性行为中实践智慧的功能则没有限定领域，任何行为都可以从是否做得好的角度来判断。第二，技艺与德性行为的实践智慧的目标存在差别。技艺行为虽具有明确的目标，但是，技艺行为仅以特定的人类的善为目标，如医生治愈疾病等。德性行为的实践智慧的"目的"是指生活得好，与之相比，德性行为的实践智慧需要洞察人生，其目标关注作为整体的人类生活，思考的是任何关于"生活得好"的知识。进一步说，技艺行为中实践智慧的"善"的目标可能部分地与德性行为的目标一致，但是二者也可能脱钩，即道德上的善并不是相应技艺中必不可少的部分。例如，尽管具有熟练技能的医生以治好病人为目标，但是他也可能会在巧妙地运用其技艺时违背道德目标。第三，技艺与德性中的实践智慧都需要一种各自不同的敏锐认知能力。机械地学习如何实现一个确定的目标并不算是真正具有技术性，要熟练某项技艺，行为主体必须能够在异常的情况下不借助某种精确的操作指南来进行技能训练，这需要行为主体具备某种洞察力。① 但是，德性中的实践智慧需要一类与众不同的认知洞察力，这种理性能力需要一种综合、评估和规范的训练，并且针对作为整体的人的生活而言。相反，技艺实践智慧则不一定

---

①　ANNAS J. Intelligent Virtue ［M］. New York：Oxford University Press，2011.

需要这种综合的、评估的以及规范化的训练。① 第四，德性中实践智慧的个人能力需要指向整个生命。罗蒂指出，作为德性行为的"实践智慧提供了一种在特定活动中——以生活得好的更大框架下——对如何恰当行为的积极的理解"②。与之相比，专家技艺的知识的目标更为具体，一般不会指向"人类生活"的概念。第五，技艺活动的反思能力表现为工具性地去实现预先设定的关于生活得好的目的，技艺活动无情感因素。而德性行为的实践反思关心良好生活本身，它不是工具性的。"实践智慧的独特性在于合理地获得目的，而非达成预设的目的的好的推理"，同时"理性机能的个体通过深思熟虑的选择构建他的生命活动，这样他的愿望与情感就会符合他的价值认同。"③ 也就是说，在反思转化为行动的情感认同中，德性行为由此产生并被塑造出来。另外，莱特指出，对善的观念的认同引导个体构建出同目标相一致的行为活动，伴随着这种被实践智慧所需要的认同，喜悦与绝望以这样的方式伴随着成功或失败，情感的缺失会令人质疑认同的真实性。④

三、好的考虑与情境选择

实践智慧是同人相关的事物，善于考虑是其主要特征，即实践智慧的行为者通过推理而实现人可获得的最大的善。知识、选择和品质是实现实践智慧的三个必要条件。一切选择都离不开思考和策划，选择的对

---

① HACKER-WRIGHT J. Skill, Practical Wisdom, and Ethical Naturalism [J]. Ethic Theory Moral Prac, 2015, 18：992-993.
② RORTY A O. Mind in action [M]. Boston, MA：Beacon Press, 1988：230.
③ HACKER-WRIGHT J. Skill, Practical Wisdom, and Ethical Naturalism [J]. Ethic Theory Moral Prac, 2015, 18：983-984.
④ HACKER-WRIGHT J. Skill, Practical Wisdom, and Ethical Naturalism [J]. Ethic Theory Moral Prac, 2015, 18：987-988.

象也就是考虑的对象，实践智慧就是好的考虑，是生活行动的合理性与德性品质运用目标的合理性判断。"这是一种有教养的知觉，它超越了一般的规则应用的能力，能够帮助我们判断在特定情境中德性的实践所要求的是什么。"①

实践智慧需要两类知识。一类是关于实践目的的普遍性知识，其实践行为所涉及的是总体的善。这种原则性的知识在实践活动中是"大多数情况下如此"，它是从经验中归纳总结并经过辩证推理而得来的原理，再加上自己对生活总体的设想和规划。② 另一类知识是具体的知识，其涉及的是对个别事务的具体性觉察，这种觉察也是普遍性的原理和设想化整为零地在具体情境中的实现。审慎可以表述为人类有这样的能力在特定的环境下去运用智谋在可能的行为中做出选择。因此，亚里士多德将实践智慧中的审慎理性作为达到目的的一种手段。实践智慧在实际行动中所体现出的深思熟虑，不仅要求对普遍知识的把握，还要求对个别知识也有充分的了解。

好的考虑（慎思）是实践智慧的一个方面，它包含着以下四项内容。第一，一个正在进行考虑的人，无论是考虑得好还是不好，都要做些研究或计算。好的考虑所考虑的目的是善的那种正确考虑，是对已知事物的研究与推理。第二，好的考虑在于借助正确的前提的推理，通过正确的思考过程而确立一个正确的目的。经由错误的中介、错误的推理所达到的正确，并不是好的考虑。第三，考虑的正确在于它对人有所帮助，在正确的时间，基于正确的思考而达到正确的目的。凡需要考虑的都是将来可能发生也可能不发生的事情，有时需要花费很长时间才能确

① 何良安. 论亚里士多德德性论与苏格拉底、柏拉图的差别 [J]. 湖南师范大学社会科学学报，2014，43（04）：18-24.
② 刘宇. 实践智慧的概念史研究 [M]. 重庆：重庆出版社，2013：113-114.

认其是否发生。第四，考虑得好有的是就总体而言，有的是就某个目的而言。考虑得好是实践智慧的主要特征，是理智的性质，其表现为正确地研究行为问题的过程。实践智慧在其研究结果的观照下保有了持久且确定的品质，因此亚里士多德说好的考虑正是"实践智慧的观念之所在"。

就适度的品质而言，亚里士多德所理解的实践智慧并不像苏格拉底和柏拉图所理解的那样，着重于对规范和应然状态的认识，而更在于实践者对所面对的具体情境的洞察。① 因为德性的实现就在于一个个的具体活动中，所面对的都是复合的情境，包括时间、场所、相关人员等外在因素和行动始因、方式等内在因素。这就比只按照数量来计算要复杂得多，也比只按照确定标准下判断复杂得多。合乎德性的实践活动着眼于它的特殊对象，而研究到适合它的目的的程度，过分追求确定性会带给我们烦冗的工作，这超出了我们的目的。因此，在日常实践中，人不可能在任何情况下都能做出最为正确和准确的判断，人们只能尽量地避免过度和不及，探寻中道并向它靠拢。② 比方说，我们很难确定一个人发怒应当以什么样的方式、对什么人、基于什么样的理由，以及持续多长时间。对于发怒所带来的后果在多大程度上应当受到谴责，这很难依照逻各斯来确定。

德性、感情、实践三者相互关联。对于涉及感觉相关的题材我们也很难确定，"这些取决于具体情况，我们对它的判断取决于对它们的感觉"③。一方面，在实践话语中，尽管那些一般概念适用性广泛，但应用在具体陈述中的确定性作用要更大些，实践的深思熟虑同那些具体的

---

① 刘宇. 实践智慧的概念史研究 ［M］. 重庆：重庆出版社，2013：169.

② 亚里士多德. 尼各马可伦理学 ［M］. 廖申白，译. 北京：商务印书馆，2003：54.

③ 亚里士多德. 尼各马可伦理学 ［M］. 廖申白，译. 北京：商务印书馆，2003：56.

事例息息相关，同时我们也要确保理论必须同具体事例相吻合；另一方面，在行动领域中，也不存在没有例外的法则。事情也不会毫无变化地以同一种方式出现，所有行动都有偶然性，几乎没有任何一个行动是由必然性决定的。①

第四节　实践智慧与德性养成

良好习惯的养成对于实现活动的性质来说是最为重要的，德性生成于好的活动当中。亚里士多德十分重视对德性的培养，并以生物目的论作为德性教育的主要方法。在亚里士多德看来，作为城邦发展的主要动力因，德性教育在维持良好的社会秩序与稳定中起到了重要的作用。不成文的风俗形成了个人品格和行为的道德倾向，同时促进了道德习惯的养成，良好的德性教育是实现公民自治和社会稳定发展的关键。

一、对不成文的风俗习惯的训导

实现善德与正义是共同体的目标。在古希腊理论中，"伦理的"或"道德的"是指通过习惯获得的品行品质。"自然赋予我们接受德性的能力，这种能力通过习惯而完善，起先以潜能形式为我们所获得，而后才表现在我们的活动中。"② 德性是知识性的，所以是可教的。实际上德性是通过自己的理想和情感将传统习惯与传统价值中的理念转化为自己内在的品格。因此，教导是一方面，更重要的在于德性教育是包括了

---

① 乔纳森·巴恩斯.剑桥亚里士多德研究指南［M］.廖申白，译.北京：北京师范大学出版社，2013：354.
② 亚里士多德.尼各马可伦理学［M］.廖申白，译.北京：商务印书馆，2003：36.

"习惯"在内的一个宽泛的概念。

　　法律规范是培养亚里士多德式德性的一个非常有效的手段。"如果一个人不是在健全的法律下成长的，就很难使他接受正确的德性。青年人的哺育与教育要在法律指导下进行。但是，只在青年时期受到正确的哺育和训练还不够，人在成年后还要继续这种学习并养成习惯。所以，我们也需要这方面的，有关人的整个一生的法律。"① 亚里士多德强调所有的道德行为，包括公民的道德行为和人类的道德行为（受益于人类文明）都来自"法"的馈赠。自然法包括国家颁布的成文法和不成文的风俗规范，它是一种"自然的正义力量"，体现在人类社会与规范形成的记录当中，也体现在传统的规范当中。亚里士多德指出，法律的现实意义应该是促进整个国家的人民进到正义与善的体制当中，只有那些有正义德性的人才知道如何使用法律。

　　法在德性的发展中扮演着重要的角色。在亚里士多德那里，法律没有成文的还是不成文的说法。他将不成文的风俗也定义为法，或称之为不成文的道德法。不成文法是掌管德性教育的重要法律，从体现为法律和习俗的政治伦理化的经验学习中，个体接受自我教育进而培养出良好的道德习惯。不成文规范最重要的特征就在于它们对个人性格和行为所产生的深远且持久的影响。伯纳德·雅克认为："通过对具体习惯的灌输，法律塑造道德品质的功能是它对政治生活所做的最大贡献。不成文法所培养出的行为习惯要更自然且同个人更相容，因此不成文法要比成文法更好地行使此职能，它们也就在塑造道德品质方面'更为重要'，同时也会主要关注在'更为重要的事务'上：道德教育。"②

---

① 亚里士多德. 尼各马可伦理学［M］. 廖申白，译. 北京：商务印书馆，2003：313.

② YACK B. The Problems of a Political Animal：Community，Justice，and Conflict in Aristotelian Political Thought［M］. Berkeley：University of California Press，1993：181-182.

亚里士多德主张德性教育应该在孩童时期进行，从小养成良好的习惯是非常重要的。其中，音乐是比较重要的科目，因为音乐能够释放天性、解放灵魂，并建立起良好的生活方式。音乐的语言是韵律与情绪，应用的对象是受众的听觉和心理意识，其功能在于德性。现实中，所有的情感比如生气、幸福、勇敢、节制都能够融入音乐当中，反过来通过音乐表现出来唤起心灵的共鸣。"音乐愉悦大众并灌输德性的行为习惯，同时有助于对心智的培养和对道德智慧的发展，也即对实践理性的发展。"[1]

二、培养行为习惯中的道德倾向

德性是一种状态，它由慎思的个体来决定。德性包含三种元素——理性、传统的风俗习惯以及情感欲求。实际上德性是通过思维观念和情感的表达，将传统习惯与传统价值中的理念转化为自己的内在品格。德性思维主要源于教育，它需要经验和时间的积累，但德性的品质源于习惯。亚里士多德所谓的教育，不仅仅指的是教导，教导只是教育其中一个方面的内容。更重要的是，教育是包括了内在习惯的宽泛概念。如果我们理解了亚里士多德式的德性教育的真实含义，我们就会发现，其实人的德性并非天生就有。"因为自然造就的东西不可能由习惯改变"[2]，它需要通过教育才能形成。而这也是亚里士多德式的德性教育思想的基础。

亚里士多德式的道德训练主要集中在对行为习惯的训练当中。"自然法要求在多种情境下对一类特定行为进行重复性表现，因此他们是发

---

① KRAMNICK I. Essays In the History of Political Thought [C]. Englewood Cliffs：Prentice-Hall，1969：80-81.

② 亚里士多德. 尼各马可伦理学 [M]. 廖申白，译. 北京：商务印书馆，2003：35.

展道德品质的一项特别有效的手段。"① 个人试图在熟识自然法之后将其内化，转变成巩固道德品质的习惯。也许起初法令法规所倡导的行为是令人苦恼的，但"一经成为习惯就不会是痛苦的了"②。法令法规无法涵盖所有可能发生的行为状况，符合情境的行为可能不会是人们熟悉的或是习惯性的行为。但通过重复的训练，自然法已然成为我们个人品格中的一部分，成为某种教导我们如何处世的原则，更有价值的是它成为我们看待世界的方式。

每一种科学认识都以一类教育为前提，这种教育使得人们能够在学科所提供的特征范围内获得精确性研究。亚里士多德认为教育会形成对新事物进行判断的一种能力，受过良好教育的人会产生批判性的方法论意识。"教育并非储存具体的认识，而是拥有普遍的观点，就算碰到完全陌生的具体情况，人们也能凭借这些普遍观点恰当地进行评判。"③实践智慧是对"实践真理"的把握，但正如我们所看到的，常常会有不在明确的原则中习得或阐明的事务。④ 人类的行为是可变且复杂的，实践智慧关注的是不精确的事务，这需要经验的获得并取决于个体在特定情况下所看重的为何物、原因为何。实践智慧与常识密切相关，同样重要的是，其不仅同理解力相关，而且与发布命令相关。不同于判断力，实践智慧涉及有德性的人需要依据具体情况去表现自己，这就是为什么实践智慧与德性行为的习惯倾向联系在一起。

---

① YACK B. The Problems of a Political Animal: Community, Justice, and Conflict in Aristotelian Political Thought [M]. Berkeley: University of California Press, 1993: 204.
② 亚里士多德. 尼各马可伦理学 [M]. 廖申白, 译. 北京: 商务印书馆, 2003: 313.
③ 奥特弗里德·赫费. 实践哲学: 亚里士多德模式 [M]. 沈国琴, 励洁丹, 译. 杭州: 浙江大学出版社, 2011: 79.
④ ARISTVTLE. Aristotle: Nicomachean Ethics [M]. CRISP R, trans. Cambridge: Cambridge University Press, 2004: xxv.

三、作为动力因的德性教育

从城邦的角度而言，对公民进行教育的目的是"使公民能够拥有实现幸福生活的外在条件，而就公民个人而言，个体的幸福生活的获得就是要通过一种合乎完满德性的理性生活的展开"①。实现这样一种合乎完满德性的理性活动正是教育的目的所在。因此，亚里士多德的教育思想实际上是一种由理性主导的德性教育观。

古希腊是一个具有共同体精神的社会。社会本身构成了一个完整的教育体系，高度集中了一切有益于人之教育的社会影响，其中包括宗教、民主政治、舆论媒体以及在共同体中个体为了获得自我保护和自我实现而必须接受的所有教育与训练。个体在其中能够将自己的潜能充分地发挥出来。公民教育最重要的是对德性的培养。正如亚里士多德所言，人是一种政治动物，道德行为反映在每一位共同体成员的身上，良好的道德行为应当在日常生活中被检验和被认可。德性教育立足于社会共同体中"属人的善"，其对社会的稳定发展和社会成员的自我实现起到了重要的作用。

在亚里士多德看来，良好城邦的动力因是一种教育的过程。只有正确的教育方式才能够确保好的国家形式和好的国家公民不会被浪费而是被合理地运用，而追求"生活得好"的幸福状态是个体能够接受德性教育的内在动因。同时，教育应该是一种社会实践，它可以使社会团结在一种共同体的精神状态当中，而不仅仅局限在对未成年人的义务教育中。教育的本质是使政治社会成为一个和谐的整体。教育的手段是人们共享的，并借此塑造和完善社会的规章制度，同时教育的方式在于个体

① 吴瑾菁. 论亚里士多德的德性主义教育观 [J]. 湖南社会科学, 2008 (04)：13-17.

积极参与公共事务来实现个人的明智。人的社会性在于对善恶和是否符合正义及其类似观念的辨认，因此"政治动物"的动力因可以表述为只有教导与习惯的养成。这正是一个人必然要经历的成长过程，"在这个过程中最重要的就是德性教育，其中家庭和政治体制是两个起着最重要作用的机构"①。

亚里士多德的德性教育观是一种自由的教育观。首先，这种自由教育是一种闲暇教育，人的教育应当以充分发展人的理性为前提，以培养自由人为根本目的。这样的教育的实现需要具备一定的条件——拥有闲暇。闲暇的真正意义在于去领悟自然、领悟人生、从事自然的事务。其次，自由教育同时又是一种普通的教育，它尽量避免机械化、专业化的训练，以体操、音乐、绘画、阅读等自由学科为基础内容。最后，自由教育是一种自然教育，德性不是人的自然天性的产物，但德性又离不开人的自然性。也就是说，正因为人的自然基础即人的理性、人的社会性等特征本质，人类才会去学习道德，才有养成德性的可能，将合乎人性的人之自然"潜能"发挥出来。"道德可以看作是德性的内在需要而不是外在的规则，德性与生物学上的自然性是统一的，它不是从自然性中抽离出来的。"② 亚里士多德的德性教育是一个宏大的教育理念。根据不同的身心发展阶段制定不同的教育任务，采用不同的教育方法，教育的目的在于培养德性。亚里士多德所针对的教育对象不单指儿童和青少年，还包括城邦的全体公民。

德性教育不是被动的接受过程，而是主动的发挥能动作用的过程。亚里士多德的德性教育体现着一种积极主动的求知精神，他认为教育是

① 吴瑾菁. 论亚里士多德的德性主义教育观 [J]. 湖南社会科学，2008（04）：13-17.
② 方德志. 德性复兴与道德教育：兼论亚里士多德的德性论对德性伦理复兴的启示要求 [J]. 伦理学研究，2010（03）：63-68.

人天生具有的本性通过后天的训练而日臻完善的过程，是将内在的东西经过引导加以发挥和实现的过程，并不是由外而内的灌输，所以个人对德性的教育与训练应该是积极主动地参与其中。① 亚里士多德重视对德性的培养，这需要家庭、社会与学校之间的相互配合。通过道德教育，让人们意识到道德源于德性，是个体交往的内在要求。仅仅依靠成文律法的道德教育会使得个体缺乏责任和正义感，同时对成文法产生依赖性。这样的道德教育是乏力且空洞的。过分地强调个体对规则规范的服从与约束，会抑制人的各种德性的发挥。德性教育的出发点应当使得个体的德性在自然本性下发展，而同时受到一定的法律法规的约束和保护，坚持人性、德性与自然三者的统一。这样的道德教育才是合乎德性、合乎人性的道德教育。而只有这样，我们才能明确道德教育的真正目的和功能——培养有德性之人和良善之公民。

第五节　实践智慧与"善治"的伦理属性

"善治"概念首先是作为价值判断来定义的，其首要目的是实现公共利益的最大化。亚里士多德认为公共利益是以"共同善"为指称的，对个人的善的追求和谋划是为了实现共同的善。共同体的善是最高的善，它的实现依赖于个人德性的养成和实践智慧的引导，并由此确立了德性对善治实现的基础性作用和实践合理性作用。

---

① 方德志. 德性复兴与道德教育：兼论亚里士多德的德性论对德性伦理复兴的启示要求［J］. 伦理学研究，2010（03）：63-68.

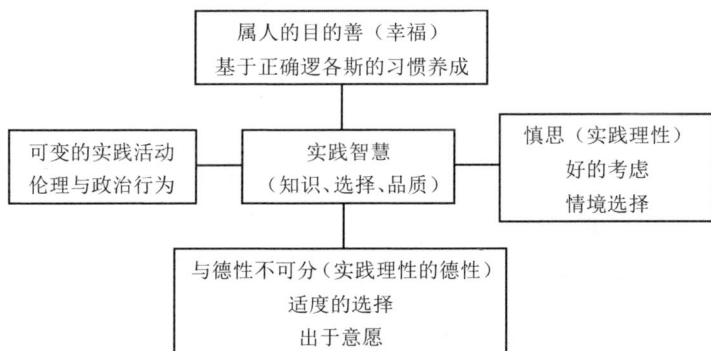

图 4　实践智慧与个人"善治"的关系

Fig. 4　The Relation Between Practical Wisdom and "Good Governance" in Individuals

一、友爱的必要性

"友爱"最初的意义是指个人对某种生命物或某种活动主动的、出于意愿与习惯的爱与关护。父母与子女之间在共同生活中所产生的爱的行动是"友爱"原本的表现形式，这种爱是因对方自身之故而产生的，是为着对方的善。由此派生出兄弟间的友爱、同伴间的友爱以及公民间的友爱。兄弟间的友爱更接近于母体形式，同伴间的友爱基于快乐，而公民间的友爱则是需要以法律的契约作为其主要的维系方式。

亚里士多德的实践智慧体现在人的整个生命当中，是用关于如何生活得好的观念指导生活。"根据如何生活的观念去行事，要求我们选择适当的关切，并依照正确的关切去行事"，一个人为了与朋友谈心错过一次愉快的聚会，可以解释为"出于对他朋友的幸福的关切，并意识到朋友处于危难之中并渴望得到慰藉"①。在《尼各马可伦理学》中，关于友爱的讨论出现在第八卷和第九卷。在亚里士多德看来，以善为基

---

① 　徐向东. 美德伦理与道德要求［M］. 南京：江苏人民出版社，2007：127.

础的友爱是最完善或完满的，这种友爱是两个德性上相似的人出于对方利益而相互关心的友爱。友爱与正义相关于同样的题材，并存在于同样的人物关系之中。通过与正义德性的比较，我们能够更加明确友爱这一德性的本质。亚里士多德定义友爱为"相互认可的有回报的善意"。这里的"善意"并非一种无意义的单纯愿望，而是为对方着想的真正的善，对方也必须同样了解并回以同样的"善意"。为了他们共同的利益和各自的利益，他们并肩作战并且能够一起行动。在友爱当中，对对方的"善意"就是共同的"善意"。"善意"也是"善举"的表达。这就意味着真的意愿、真的为对方利益着想，并因此准备为这一目的而行动。友爱具有排他性，当正义的"善意"保持中立、强调给予每个人其所应当的善，并将我们同自身利益拉开了一段距离时，友爱的"善意"便是给予特殊个人所适合的真正的善，由此来增进我们同他人间的亲密程度。

亚里士多德论述了友爱之所以必要的三个原因：（1）人需要朋友接受或提供善举，帮助己所不能，或促进自身完善；（2）人出于本能或自然而需要友爱；（3）过政治的生活需要友爱。从善的角度来看，要想获得交友的能力，这个人必须是勇敢、谦逊且慷慨的，同时要富有正义感。他必须为自己所拥有的德性感到骄傲，并且对此充满信心。我们越有德性，我们就越能够获得友爱的品质。我们越是缺少德性，我们就越容易缺失交到真正朋友的能力。能够获得真正的人类友谊也是最高的德性境界。如果说正义是因为联结其他德性来指导他人而优于其他所有的德性，那么友爱就是使道德德性完满的品质。

两种德性对善的人类生活而言都是必需的。更重要的是，当友爱胜于正义的同时，也成了正义以及其他德性的先决条件。友爱分为三个类别：有用的、令人愉悦的和高尚的（善的）。如果我们有能力获得真正的友爱，我们就一定要同个人利益保持距离，不让个人利益占主导地位。"那些以不正义的方式将个人利益放在首位的个人行为将无法获得友爱所需要的更为纯粹的'善举'，他所获得的将只有有用的和令人愉悦的友爱的德性而无法获得高尚的友爱。"① 朋友并非因我们自身之故，而是因为给予同我们交好，这样我们便无法使自己获得友谊的最好的形式。我们虽然获得了外在的好处，却同时招来了对自身内在的损害。因此坚持行使正义并不仅仅是远离麻烦的一种方式，它促使我们化身正义的使者并且使我们有能力接近最高级的友爱。

可以说，友爱促成了一种自我意识的创造性推动。它是自给自足的，并且只有在朋友间才会产生，任何第三方都无法参与决定。共同的情感通过共同的生活和语言与思想的交流来实现。亚里士多德认为友爱的基础是伴随人类所有实践活动所产生的自我意识。"如果感觉就感觉到自己在感觉，如果思考就感觉到自己在思考。"② 在友爱中，自我意识就是照映朋友的镜子。我们从朋友眼中看到自己，有它的帮助我们能够更容易地意识到自己的行为，反过来对方也会从我们身上看到自己并乐于提高自身的自我意识。在互惠和共同行为的方面，朋友就是另一个自己，这种相互作用是成倍增加的。正义需要外在的评判去平衡得与失，而友爱将朋友们团结在一起，关系之外的人不需要意识到友爱的真。由此，亚里士多德认为我们有理由爱朋友如爱自己一般。"如果我们把自我看作一个理性存在物，而不是看作自我心中的快乐、钱财或荣誉的追求者，并辨别出以此种正确观念为基础的适当的自爱，我们就有

---

① SOKOLOWSKI R. Friendship and Moral Action in Aristotle [J]. The Journal of Value Inquiry, 2001, 35: 358.

② 亚里士多德. 尼各马可伦理学 [M]. 廖申白，译. 北京: 商务印书馆，2003: 281.

理由把自己看作是内在价值的承载者。"①

分配正义或矫正正义会按照等比例或等量的方式进行分配或修复，而友爱并不需要去量化。即便如此，友爱中仍存在某种道德的理性模式。友爱需要去审慎地表达，朋友需要知道如何为对方着想，如何共同完成一项任务。共同的成就必须具备实用主义的有效性，同时还要提高友爱的高尚程度并使朋友生活得更好。

所有的道德德性都具有实践理性。勇气和节制需要实践理性，因为它们需要在痛苦与快乐中调整中道的准则。正义需要实践理性，因为正义同他人相关且涉及对利益的分配。友爱更需要实践理性，友爱需要情感支撑却不会落入情感或多愁善感当中。友爱不需要量化利益分配，但友爱必须明确如何同朋友相处并为对方着想。"比起正义，这需要更多的实践理智或是深思熟虑，因为这会更具有创造性。"② 我们必须通过自身的道德洞察力去发现友爱中有什么值得欲求的善，我们必须同朋友们保持亲密关系，只有这样才能够知道具体的善是什么。

最后，友爱存在一种亲密的情感关系。"爱人常常面对面去吸引对方，朋友则是肩并肩，基于某种共同的利益去相互吸引。"③ 朋友不只是在事物的一般意义上同对方相互关联，这种情感能够在共同的行为活动中准确地体现并激发出来。友爱常常胜于其他情感关系，因为朋友能够从对方那里获得尊重，并通过在共同行为中的契约精神了解对方。共同目标只能在这种关系当中实现，如亚里士多德所说："当两个人结伴

---

① 克里斯托弗·希尔兹. 亚里士多德［M］. 余友辉，译. 北京：华夏出版社，2015：325.

② SOKOLOWSKI R. Friendship and Moral Action in Aristotle［J］. The Journal of Value Inquiry, 2001, 35：365.

③ LEWIS C S. The Four Loves［M］. New York：Harcourt, Brace and Company, 1971：61.

时，无论在思考上还是做事情上都比一个人强"①。因此，不同于家庭，共同体的结合一方面需要依靠正义来调节社会中各领域的矛盾冲突，另一方面，需要依靠友爱去寻求公民间的相互关心与鼓励。

二、德治与"善治"

德治是善治的基础。就个体而言，善治具有道德性，其伦理本质在于道德的提升。因此，国内学者认为亚里士多德关于德性化的意志表达和良法治理是善治的古典形态。②"实际地过人的生活，与他人相互交往，面对危险，表达快乐，这些也许更好，因为这些实践是人实际上获得美德的途径。"③ 在每一种共同体中都存在着某种正义、某种友爱，共同体、公正、友爱三者并存，而这种并存的基础以人的德性为根本依据。德性是才能与品德的综合体现，德性作为人的属性而区别于他物。亚里士多德主张德性对人而言是人之为人的实践活动，只有符合德性的活动才是幸福的。"德性"在词源上与"善"相关，求善是人的本性，实现个人的善依赖于德性的获得。

当我们倾向于为自己争取更多利益时，正义就需要道德与理性的作用来维护。正义的德性便在这样的事务中表现为行事公正。德性促使我们公正地行动并为不公正的行为感到羞耻，同时需要我们同自身、同自身利益保持一定的距离。基于分配正义或矫正正义的原则，给予对方同等且适当的尊重，或是等比例的或是等量的。而在友爱的德性当中，我们无法将其他所有人一视同仁，我们也无法忽视同他人间的关系。我们

---

① 亚里士多德. 尼各马可伦理学［M］. 廖申白，译. 北京：商务印书馆，2003：229.
② 池忠军，赵红灿. 善治的德性诉求［J］. 道德与文明，2007（02）：88-92.
③ 加勒特·汤姆森，马歇尔·米斯纳. 亚里士多德［M］. 张晓林，译. 北京：中华书局，2014：118.

待他们如己、如朋友，友谊以某种方式具有排他性，而正义则保持着中立性。我们会对任何人公正，但无法同任何人成为朋友。个人需要友爱，"我们称赞爱他的人，没有人愿意过没有朋友的生活"①。城邦需要友爱，"友爱是把城邦联系起来的纽带，立法者们重视友爱胜过公正"②。友爱将个体团结起来，为了共同的善业而奋斗。

德性包含着人类的天性、情感以及理性，是人类所特有的。代表着审慎、节制、勇敢、正义的公民德性是一种适度的理想状态，也是个人获得自我实现的最好方式。而为了自身的发展它需要社会的存在与支持，亚里士多德的德性概念从一开始就被设想成一个社会或政治动物的德性，它鼓励公民投身于社会生活当中。这样，社会尤其是城邦的存在，就是为了实现生活中理性的善的生活，其中就包括获得实践美德和道德美德的生活，而这样的生活需要按照中道的准则去实践。

善治主体需要道德自律。有限的事物是可知的，无限的事物是无法为人类所理解的。"所有事物都处于混乱当中：接着，理性来了，并将他们安排在秩序当中。"③ 进一步说，古希腊人意识到感情上的性情和能力常常会走向极端，只有人类的情感与能力被理性秩序明确地规定着、约束着，我们才能感知到自由。德性是一种理性秩序的获得并以此来对人类情感和能力的"无限性"加以限制。德性伦理学的核心在于"德性本质上是一种有限度的中道，它构成了对无序地趋向于不足或过度的情感的一种约束"④。自律是道德的本质与属性，道德自律是一种

---

① 亚里士多德.尼各马可伦理学［M］.廖申白，译.北京：商务印书馆，2003：228.
② 亚里士多德.尼各马可伦理学［M］.廖申白，译.北京：商务印书馆，2003：229.
③ BARKER E. The Political Thought of Plato and Aristotle［M］. New Delhi：Isha Books, 2013：472.
④ BARKER E. The Political Thought of Plato and Aristotle［M］. New Delhi：Isha Books, 2013：473.

稳定的平衡状态。这意味着主体通过恰当的自我认知和中道的指导，来实现主体间的相互制约与监督。

道德自律的目的是获得自由的实践生活。奥特弗里德·赫费认为自我完满并非一种单一的行为，而是一种"自由的实践活动""道德行为源于一种自由的生活方式"。他认为，亚里士多德所理解的自由的生存方式和生活方式在城邦中体现为积极的生活或心灵沉思活动。通过对一种自我满足的实践活动的思考，亚里士多德试图通过这样一种社会组织的构成形式分析，来理解其中所蕴含的实现共同体成员至善幸福的全部要素，即探究幸福的本质。在亚里士多德那里，好的生活意味着多数人服从于他们自己的实践理性，并且只受到中道理论的指导。这种实践理性能够以一种非常不确切的方式辨别出什么是对人类而言的善。好的生活也是在良好的性格品格的帮助下去正确地行动、形成好的习惯，慎重地从困难重重中穿过道德选择的迷宫。对大多数人来说，这是一种自我管理的生活，而非他人管理的生活。

三、"善治"的实践转向

亚里士多德的哲学研究运用的是分析与综合的方法。以正义理论为例，通过将各个相似概念或要素进行比较分析，将其还原到正义理论当中，找出正义理论成立的必要条件，而后通过综合判断检验正义理论在具体应用中是否完备，最终反思正义理论的充分条件。将分析与综合这对范畴引入到善治概念的方法论研究中，其基本的逻辑结构是理论与实践相结合。[①]"善治"概念以"善"体现价值作用，以"治"体现工具

---

① 吴畏. 善治的三维定位 [J]. 华中科技大学学报（社会科学版），2015，29（02）：1-9.

作用，运用分析与综合的方法找到"善治"概念的实践合理性。

　　一方面，从分析方法角度来看，善治的主体呈现出多样化的特征。基于不同的实践需要，个体有个体的"善治"，社会有社会的"善治"。不同的组织团体和学者从自己的实践视角提出不同的善治原则。"善治"概念的理论依据与主体间的逻辑关系需要进行分析性的比较，以实践作为前提对善治理论进行一种个体——整体的关联性研究，从而对善治做出更为具体的阐释和规范。另一方面，从综合方法角度来看，善治通过对具体善治原则的比较性分析，从理论原则与具体现实之间找到有效契合点。在确立的具体观察视角与可实现的具体目标当中，形成关于善治的具有客观性的价值性判断和工具性判断。这种综合性方法具有指导实践的功能。善治概念不仅是描述性概念（"善"）同时也是规范化概念（"治"）。

　　要想检验原则是否具有可行性和针对性，就必须对现实应用进行合理性反思。善治的实践合理性表现为其建立在客观描述现状的基础上，并能够对规范化问题做出合乎理性的反思。因为涉及情感知觉相关的题材存在着不确定性，善治原则需要在客观描述现状的基础上，形成自主的实践力量。普遍经验收集调查数据和实证资料，具体感知用以获得可接受性和可认同性方面的题材，两者相互作用。善治的范畴或原则只有从实际应用中寻找到具体的可比较的要素指标来进行评价，才能够进行现实反思并促进应用与理论的优化。

第三章

实践智慧与社会公德培育

　　亚里士多德正义理论的两个维度即个体德性与社会正义，通过"善治"的价值目标形成了逻辑递进的关系。"善治"不仅关涉个体的德性养成，同时是良序社会的重要标准，两者都以亚里士多德的实践智慧理论作为理性基础。社会正义是制度伦理的体现，尤其体现在立法活动与裁决活动当中。在制度实践活动当中，通过承载着公道的实践智慧的目标实现，完成公道对律法的正义调节，而这也是公民个体德性修养所应具备的一种品质。从特殊意义上来讲，正义是指公正与平等的制度正义，从普遍意义上来讲正义意味着合法性。这种合法性代表着整个社会的政治正义，体现的是国家与公民之间的关系。一方面，合法性与自然法相结合，强调秩序与自由的辩证统一。只有遵守法律以及道德规范，个体才能够在良好的社会秩序中体现个人价值。另一方面，合法性作为"总体的德性"，将合法的行为与公正平等的行为结合在一起，为促进社会的共同利益，调节着资源分配与社会分配。

第一节 个人德性与社会正义

亚里士多德对正义这一概念进行了一系列的讨论，正义既是个人的德性，也是社会的德性。正义是社会的首要美德，并以谋求社会的共同福祉为最终目的。中道作为正义保持稳定且持久的特性，贯穿于广义正义与狭义正义当中，是两者共同的特性。而正义理论在实践应用与中道选择标准中所体现的不确定性，也正是正义理论运用实践智慧的特征体现。

一、广义的正义——合法性

广义的正义指的是合法性①，是普遍的正义。亚里士多德所理解的普遍正义在正义原则中扮演着何种角色？而普遍正义又同狭义正义和分配正义有着怎样的联系？首先，亚里士多德的合法性即广义正义的命题

---

① 汪子嵩等编译的《希腊哲学史》[汪子嵩，范明生，陈村富，等. 希腊哲学史：第3卷（下）[M]. 北京：人民出版社，2003：964.] 中将亚里士多德的正义作守法与公平两方面分析。黄显中认为亚里士多德的公正有两层含义：合法和公平，合法的公正为总体公正，公平的公正为具体（部分）公正，参见《公正德性论：亚里士多德公正思想研究》（黄显中. 公正德性论：亚里士多德公正思想研究 [M]. 北京：商务印书馆，2009：190.）。乔纳德·巴恩斯将亚里士多德的正义理解为宽泛意义上的合法和狭窄意义上的平等，参见《剑桥亚里士多德研究指南》（[英] 乔纳森·巴恩斯. 剑桥亚里士多德研究指南 [M]. 廖申白，等，译. 北京：北京师范大学出版社，2013：297.）。伯纳德·雅克将正义归纳为普遍正义的合法性（lawfulness）和狭义正义的公平（fairness），参见 the Problems of a Political Animal：Community，Justice，and Conflict in Aristotelian Political Thought（Bernard Yack. The Problems of a Political Animal：Community，Justice，and Conflict in Aristotelian Political Thought [M]. Berkeley · Los Angeles · London：University of California Press，1993：160.）。综上，我们在这里将正义的两个层面概括为广义的正义即合法性、狭义的正义即公正与平等。

由不合法即不公正推导而来。在《尼各马可伦理学》第五卷中，他指出正义的合法性源于违法的不公正性。"亚里士多德对于合法的公正轻描淡写，但在这如此简短的叙述中，他突出强调的正是法律的功用和目的，因而构成了合法何以为公正的决定性依据。"① 所有的法律规定都是促进所有共同体成员的共同利益，而我们常常抱怨其不公正的人是那些违法的人，"既然违法的人是不公正的，守法的人是公正的，所有的合法行为就在某种意义上是公正的"②。

在合法性与公正平等的关系上，亚里士多德认为两个概念虽然性质相同但也不是完全一致，合法性更为宽泛，而公正与平等是狭义的概念。公平与合法性的关系就如同局部与整体的关系。正义的合法性"不是部分的德性，而是总体意义上的德性"，它是最好的德性，是"对于另一个人的关系上的总体的德性"③。正义从合法性的角度而言是一种社会美德，一种政治上的正义，它体现在社会的交往行为当中。正义在于适度和合乎中道，在于确立合理合法的行为，且妥善地处理好自己同他人的关系。赫费认为政治的正义性是法和国家理论的核心思想，"代表着法和国家的道德观念"④，也是法和国家道德批判的基本概念。

就目的论而言，亚里士多德的正义理论研究着眼于城邦，实现公民的幸福生活是城邦的最高目的。他强调优良的生活需要良好的社会秩序，而良好社会秩序的根本在于正义。"城邦以正义为原则，由正义衍生礼法，凭以判断是非曲直，正义恰是树立社会秩序的基础。"⑤ 亚里

---

① 黄显中. 公正德性论：亚里士多德公正思想研究［M］. 北京：商务印书馆，2009：172.
② 亚里士多德. 尼各马可伦理学［M］. 廖申白，译. 北京：商务印书馆，2003：129.
③ 亚里士多德. 尼各马可伦理学［M］. 廖申白，译. 北京：商务印书馆，2003：130.
④ 奥特弗里德·赫费. 政治的正义性：法和国家批判哲学之基础［M］. 庞学铨，李张林，译. 上海：上海译文出版社，2005：1.
⑤ 亚里士多德. 政治学［M］. 吴寿彭，译. 北京：商务印书馆，2010：9.

士多德崇尚法治，他主张法律是"不受主观愿望控制的理性"，是一种中道的权衡，它代表着"某种秩序"。每个人的自由应该限制在法律许可的范围内，并遵守法律来规范自己的行为。不同的政体制度会呈现出不同的社会秩序，法律在最普遍的意义上是作为社会共同利益的倡导者。亚里士多德所理解的三个"正宗"或"绝对正义"政体（君主制、贵族制和共和制）的正统性根源便在于他们的统治者谋求的是社会的共同福祉，而那些没有谋求共同利益的城邦政体只能在一定条件下被称作是正义的。"国家的角色，在他看来并不是为了实现共同善而限制个体行动的自由，恰恰是要使个人能够实现其潜能，获得他或她的善，而这除非在国家的背景下，否则是不可能的。"① 亚里士多德的正义理论以公共利益为目的，强调正义即是善，即是以城邦整个利益以及全体公民的共同善业作为依据。因此，秩序不应该成为自由的对立面，要想获得自由，公民们就应该遵循城邦所制定的生活原则，让各自的行为都能够有所约束。

　　亚里士多德将合法性同法联系在一起。正义的精神或品质与不正义的精神或品质在希腊语中同法律的概念密切相关。"正义的"在其词义上同时有"符合法律的"之意，因此在希腊语中正义与维护法律秩序的意义原本就是密不可分的。从广义的角度来看，合法性即是正义，亚里士多德所说的法代表的是积极的自然法。"所有的法律规定都是促进所有的人，或那些出身高贵、由于有德性而最能治理的人，或那些在其他某个方面最有能力的人的共同利益的；所以，我们在某种意义上，把那些倾向于产生和保持政治共同体的幸福或其构成成分的行为看作公正

---

① 乔纳森·巴恩斯. 剑桥亚里士多德研究指南［M］. 廖申白，译. 北京：北京师范大学出版社，2013：312.

的。"① 自然法包括城邦颁布的成文法，也包括不成文的道德规范，它具有"自然的"正义力量，是随着人类社会的发展逐渐书写出的，同时也是约定俗成的规范。因此，遵守法律以及道德规范意味着守法，这就是普遍的正义。亚里士多德将其定义为"德性之首"，"一切德性的总括，比星辰更让人崇敬"。正义代表着法律，代表着权利，政治制度的实施保障着城邦正义的实现。

二、狭义的正义——公正平等

狭义的正义指的是公正与平等，是特殊的正义，其表现形式为分配的正义和矫正的正义。普遍的正义指向整体的善，而特殊的正义作为普遍正义的一部分，指向的是善的具体形式。分配的正义调节着对公共事业的产品的分配，是指在全体社会成员中对荣誉、财富、权利等公共财物进行分配所遵循的原则。这一原则受立法者支配，按照一定的比例关系分得同等或不均的财物。分配正义是狭义上正义的主要表现形式，它又可以分为数值相等和比值相等。前者的意义在于"你所得的相同的事物在数目上和容量上与他人的所得相等"，而后者的意义在于"根据各人的真价值，按比例分配与之相衡称的事物"②。在古希腊的城邦制度中，数量上的平等是平民政体的基础。这种平等主张所有生来自由的公民都是社会中平等的合作者，是绝对的平等。比例上的平等多为寡头政体所采用，寡头派主张只要所拥有的财产不均等，那么其他各方面所产生的责任与义务就都不均等，富人贡献得更多一些。对此，亚里士多德认为在任何方面一律按照绝对平等的标准所建构的政治体制，并不是

---

① 亚里士多德. 尼各马可伦理学［M］. 廖申白，译. 北京：商务印书馆，2003：129.
② 亚里士多德. 政治学［M］. 吴寿彭，译. 北京：商务印书馆，2010：238-239.

良好的政体。无论是采用数值平等原则的平民政体还是采用比值平等原则的寡头政体都存在着不合理的因素。况且在现实中，两个人本质上是无法达到真正意义上的比例均等的，其中就包括两个人生来所具有的年龄、性别、种族、体质、财富等种种差异，这样的平等在现实社会中是不存在的。

那么，如何确定符合正义的分配标准？亚里士多德认为，基于赏罚分明的分配原则是唯一正确的标准。具备美德的公民确实对他们的社会贡献更大，他们应该得到更多的荣誉和尊敬，而这些优良的公民没有必要是富人。这种分配标准遵循比例分配的原则，同等的贡献便会得到等量的分配。"假如人人都能依其所做的贡献得到相应的待遇，那么实际上他们就得到平等的对待，贡献和所得的比例关系在每项事务中都是相同的。"① 每种政体都有各自的赏罚标准，或基于自由的身份，或基于财富的配得，或基于德性品性。而在实际的政府职能中，分配的正义主要依据德与能进行分配，这样能够保证个人对社会的贡献最优化并防止将权力集中于一人或一个群体当中。

矫正的正义多用在私人交易中，即发生在双方或出于意愿或违背意愿破坏了正义原则的情况当中，这种情况导致了一方从损害另一方中获利。矫正的正义，是另一种公正平等，但不同的是它所依循的不是几何式的比例，而是算术式的比例。它提供了交往当中的是非标准，调整着各种交往中的条件从而使双方平等。尤其表现在得利与损失之间，是多与少的中道。

物物交换以及刑事犯罪是两个典型的例子。亚里士多德用数学——几何式的公理方法来说明这个问题。一方服务于另一方而没能获得回

---

① 亚里士多德. 政治学 [M]. 高书文，译. 北京：中国社会科学出版社，2009：123.

报，或者一方承认自己犯了罪而伤害了另一方，就好比是一条线段被分成两个不等的部分。法官就要把较长线段的过半部分拿掉，并把它加到较短的线段上去，这样双方都能得到相等的部分，也就是他们得到了自己的那一份。根据法律的规定，之前双方是平等的，而现在却不平等了。"既然这种不公正本身就是不平等，那么法官就要努力恢复平等。这种不平等……法官就要通过剥夺行为者的得来使他受到损失。"① 人们发生纠纷就要去找法官的原因，在于法官就是正义的化身。

在两种正义中，公正的结果是居于不公平的获得和不公平的损失之间。但平等公正在亚里士多德看来更倾向于是狭义的美德概念，平等公正的规范只有在关于内在的存在争议的主张上才能够被证明是正当的要求。不公正的个人企图获得社会分配给各成员的应得之外的部分，同时承担较少的责任。无论是分配的正义还是矫正的正义，平等公正的价值标准都只是共同责任的一部分。公民建立起共同责任是为了谋求社会的共同福祉，城邦用以衡量平等公正的标准是出于责任而非其他原因。雅克认为平等公正的正义是消极地服从或遵守普遍规范，而普遍的正义扩展了正义本身的概念，并有助于积极的个体在具体行为中提升社会的共同利益。合法性正义比平等或公平的正义更加基础，"如果正义的理论形式能够被呈现并作为社会制度的必要条件，那么只可能是类似于亚里士多德的普遍正义，这样的美德旨在谋求社会的共同福祉"②。但同时亚里士多德也指出，虽然我们都同意公共利益应该按照价值进行分配，但并不是说我们全部按照同样的价值标准来行事。我们必须接受在具体情境中不确定判断的指引来进行正义的选择。

---

① 亚里士多德. 尼各马可伦理学［M］. 廖申白，译. 北京：商务印书馆，2003：137.
② YACK B. The Problems of a Political Animal：Community，Justice，and Conflict in Aristo-telian Political Thought［M］. Berkeley：University of California Press，1993：160.

三、正义的不确定性特征

"正义是一种难以把握的德性,因为它需要在具体情境中诠释普遍原则。"① 从经验论出发,这种正义的不确定性特征（indeterminacy）表达着亚里士多德实践智慧的内容。奥特弗里德·赫费认为亚里士多德的实践哲学"以差异和多变的方式对实践行为负有义务,它严格地依情况而定,因而它不为理论科学的理念所动,并提出了一种独特的认识要求,因为依情况而定的概念蕴含着如下的含义:诸如人的行为之事,事先是没法明确规定的"②。可能的原理与定律只能证明行为可能的有效性,因此指导人的实践活动的正义理论也同样带有不确定性,它要根据人的行为活动的变化而做出相应的规范调整。

一方面,正义的不确定性体现在中道的标准上。正义是中道的德性,中道这一概念是就我们自身而言的,即在过度与不及当中选取一个适当的点来表达具体情境下的中道。不确定性就体现在如何判断中庸的"度"这一问题上。这种"度"并不存在一个绝对固定的标准,而是表现为在适当的时间和机会,对于适当的人和对象,持适当的态度去处理事务。真理往往在两极间的某一点上（The truth is somewhere between）,这句话同样适用于正义理论的"中道"概念。中道往往不在两极之上,而是在过度与不及、多与少之间的某一点上。因此,亚里士多德关于"过度、适度、不及"这三种程度的差异性研究,并不能作为普遍评判道德价值的参考,而只存在于具体的情境当中。在《尼各马可伦理学》

---

① 乔纳森·巴恩斯.剑桥亚里士多德研究指南［M］.廖申白,译.北京:北京师范大学出版社,2013:299.
② 奥特弗里德·赫费.实践哲学:亚里士多德模式［M］.沈国琴,励洁丹,译.杭州:浙江大学出版社,2011:引言13.

的开篇，亚里士多德式的美德便是以不确定性作为研究前提的。"我们不能期待一切理论都同样确定，正如不能期待一切技艺的制品都同样精确，政治学考察高尚与公正的行为。这些行为包含着许多差异与不确定性。"① 从不确定出发，当题材与前提基本为真时，我们就只能得出基本为真的结论，即我们所要做的只是去寻求事物本身所容有的确定性，来给予心灵世界以参考。

另一方面，正义理论在应用的过程中具有不确定性。如果说法律能判断何为正义的标准，那么正义就是合法性。如果说正义代表着公正与平等，那么这只能是法律面前的公正与平等。正义的道德价值就体现在对"法律面前人人平等"前提下的正义定义当中，法律必然是根据政体来制定的，而维护城邦利益是自然法的判定标准。先行认识政体的类别，而后有志于制定符合各类政体的法律。因此在不同的社会历史条件下，在不同形态的法律面前，正义表现出不确定性的特征，这种不确定性依政体而定。

城邦（或者说是积极的立法者）依法建立起一套法律秩序，并由法官运用这套普遍规范的系统。当法官或裁判官执行这一规范系统时，道德哲学必须要事先预设好某些判断，即在政体制度面前什么是符合城邦全体利益的，什么是城邦的正义。比如，每个超过 14 岁的公民承认偷盗，就要受到处罚，那么道德哲学就要确定，法官同时处罚 A 某和 B 某是合法的，前提条件是两者都超过 14 岁且都承认偷盗。在合法性或公正平等的角度，这便是正义的原则，即法律面前人人平等。当"法律面前人人平等"维持在普遍规范有效的情况下，公正平等才能够与合法性相一致。如果裁决是有效的，即每个超过 14 岁的公民有罪就要

---

① 亚里士多德. 尼各马可伦理学［M］. 廖申白，译. 北京：商务印书馆，2003：6-7.

惩罚，（1）如果 A 某和 B 某都是超过 14 岁的公民并承认偷盗，那么裁决判处他们就是正确的。（2）如果法官依据法律的普遍规范，认为 A 某应该受到处罚而 B 某不应该。那么第一种情况，他预设了一种普遍的判断：每位 14 岁以上的公民承认了犯罪，就应当受到处罚。第二种情况，普遍的判断是：不是所有 14 岁以上的公民，承认了犯罪就都应当受到处罚。这两种普遍的判断构成了一种逻辑上的矛盾。决定 A 某应该受罚而 B 某不应该受罚是不公正的。这一判断仅仅意味着：法律面前平等与合法性角度下的正义原则本身存在一种立法上的逻辑矛盾，这需要我们在具体的社会实践中，在不同情况下在对法律的具体操作中来解决这一矛盾。"因为是所有的法律都是普遍的，但是对于有些事情不可能做出一个正确的普遍陈述，这要求'公道'把法律原则以一种灵活的方式应用到复杂的生活当中。"①

亚里士多德的正义理论在古典共和理论与西方政治思想的发展中起着十分重要的作用。在古典共和理论学者看来，亚里士多德的善德既是维持城邦的手段，也是完善城邦的目的。正义是"一切德性的总汇"。因此，实现善德和正义成为城邦国家的政治目标。普遍的正义原则促进了社会的共同福祉，平等公正的正义原则要求我们出于共同责任去服从自然法。良好的社会制度应该是两个原则并用的，这样才能够使得公民各尽所能，按劳分配。

现代许多道德哲学家和政治哲学家企图去建立一种精确的规则规范体系，并在体系当中把握亚里士多德式的正义理论。他们试图去消解正义理论的不确定性在法律范围之外的政治辩论中所带来的障碍。有学者认为，作为普遍的法律规范的主体，正义有能力去指导社会成员间基本

---

① 乔纳森·巴恩斯. 剑桥亚里士多德研究指南 [M]. 廖申白，译. 北京：北京师范大学出版社，2013：300.

的利益分配与责任分配。而正义作为一种"常规范式",其中存在着判断标准的不确定性,这被认为是对正义本身的一种威胁。相反,伯纳德·雅克认为,正义理论的"这种在政治共同体中典型的不确定性特征是对正义进行一种合理性解释的基础,而非要克服的障碍"①。在亚里士多德所理解的正义理论当中,政治活动成了手段,通过它我们确定了复杂多变且常常会产生矛盾的正义标准,并根据这些标准来指导我们的政治生活。在错综复杂且相互矛盾的判断标准中,正义的常规范式作为指南提供给我们一种可清晰认识又得当的规范主体,并被运用到我们关于正义的道德与政治判断中。但规则无法预见所有事物,在超出法律约束的范围之外,这种法学式或自然法基础上的正义理解,能够鼓励我们视这些既定且普遍认识的正义标准为可裁定的,就像自然法在特定案例中也会产生逻辑矛盾一样。

第二节 城邦制度与社会正义

法是城邦制度的充分体现。亚里士多德式的自然法具有以下三个特征:包含着普遍规范或道德行为准则、为所有共同体成员所有以及源于特定个人和团体的实践智慧。制度伦理以正义作为首要价值,在政治制度中体现为立法的政治活动与裁决的政治活动,在社会制度中体现为公道的实践活动。所有的法律都源于人类的实践理性,源于我们对行为准则与道德规范的日常积累。当普遍律法知识与具体情境相关时,个人理性与法的内在合理性会存在冲突。一方面,我们需要公道对法律正义进

---

① YACK B. The Problems of a Political Animal: Community, Justice, and Conflict in Aristotelian Political Thought [M]. Berkeley: University of California Press, 1993: 131.

行纠正；另一方面，我们希望公道作为个人所应该有的一种品质，运用实践智慧与善德表现出正义的个人所具有的基于城邦共同利益的行为。

一、法的三个特征

在《政治学》中，亚里士多德并没有给予法律一个明确的定义，也没有去具体探究法律的本质是什么。显然，亚里士多德对给予法律一个精确的定义并没什么兴趣，他关于法律概念的描述表现得既不明确也不完全。他既没有从道德和传统规范中对法律加以区分，也没有定义任何法律制裁的属性或是法律权威的来源。有学者认为，亚里士多德含蓄地表达出的法律定义是相对宽泛和简单的，"同当代的大多数法律概念相比，最值得注意的也许就是亚里士多德的法律概念传达给我们的信息太少了。但是，如亚里士多德所说，它本来就应该是如此的，因为他并不认为我们能够从法律的形式定义中获得太多政治上和伦理上的指引"①。

古希腊词中的"法"（nomos）不是实实在在的律法，而是泛指协调人类交往的社会规范。② 这种"法"指的是人和事通常所表现出的行为方式，也代表着行为所表现出的某种自发状态。直到 5 世纪末，该词义中才包括了由政治共同体所颁布的立法的含义。亚里士多德将不成文的风俗习惯描述为自然法，甚至就德性教育这方面来说，"法律无论是成文的还是不成文的，是对于个人教育还是针对多数人的教育，都没有什么不同"③。

亚里士多德所运用的 nomos 在"规范"这一定义上应用广泛。对

---

① YACK B. The Problems of a Political Animal: Community, Justice, and Conflict in Aristo-telian Political Thought [M]. Berkeley: University of California Press, 1993: 178-180.

② 李萍，董建军. 德性法理学视野下的道德治理 [J]. 哲学研究，2014（08）：107-114，129.

③ 亚里士多德. 尼各马可伦理学 [M]. 廖申白，译. 北京：商务印书馆，2003：315.

他而言，nomoi① 代表着一种共同体的表现方式以及普遍规范和原则所遵循的方式方法。Nomoi 是立法或风俗习惯的，是成文或不成文的，是实施制裁或非制裁的，是受到羞耻或惩罚而强制实施的。惩罚、道德、风俗习惯和传统规范的区别，在现代对法律的定义中扮演着相当重要的角色，但却在他的关于自然法的概念中没有任何位置。在这一语境下，正义的德性就不仅仅同成文的律法相关，"而是同更广泛的社会规范相关"②。当然，他认同当政治共同体强制实施规范时，它确实拥有某些特殊的权力，但他并没有去区分需要强制实施和非强制实施的规范间的差别。③

亚里士多德认为自然法具备三个主要特征：自然法包含着普遍的规范或道德的行为准则，自然法的主体为所有共同体成员，并且自然法以某种方式源于特定个人和团体的实践智慧。④

第一个特征是，亚里士多德将德性同自然法的普遍性结合在一起。"法律是一般性的陈述，但有些事情不可能只靠一般陈述解决问题。所以，在需要用普遍性的语言说话但是又不可能解决问题的地方，法律就要考虑通常的情况，尽管它不是意识不到可能发生错误。法律这样做并没有什么不对。因为，错误不在于法律，不在于立法者，而在于人的行为的性质。人的行为的内容是无法精确地说明的。所以，法律每制定一

---

① 在古希腊语中，nomos 指代习惯习俗、法律法规，而 nomoi 指代礼法，出现在雅典专制梭伦制定的法典。罗念生，水建馥．古希腊语汉语词典［M］．北京：商务印书馆，2014：575.

② 李萍，董建军．德性法理学视野下的道德治理［J］．哲学研究，2014（08）：107-114，129.

③ 亚里士多德．尼各马可伦理学［M］．廖申白，译．北京：商务印书馆，2003：314；亚里士多德．政治学［M］．吴寿彭，译．北京：商务印书馆，2010：169.

④ YACK B T. the Problems of a Political Animal：Community，Justice，and Conflict in Aristotelian Political Thought［M］．Berkeley：University of California Press，1993：180-182.

条规则，就会有一种例外。当法律的规定过于简单而存在缺陷和错误时，就需要由例外来纠正这种缺陷和错误，来说出立法者自己如果身处其境会说出的东西，这才是正确的。"① 自然法的普遍性同时也是它的局限性所在，自然法的普遍性提供了一种前瞻性，将它从所谓的"律法（decrees）"当中区分开来。律法是一种政治共同体行为，它同熟知特定个人和环境的行为者相关，而自然法则提供了用以处理未来多种情况下特殊事件的普遍规范。

自然法的第二个基本特征是由共同体成员共享。这里要重点说明的是亚里士多德并没有在政治共同体成员共享的规范当中去限制法律的权限，所有的共同体都拥有普遍的规范，是所有成员所期盼对方能够去遵守的。亚里士多德将所有这些规范统称为 nomoi，而没有对立法或是政治团体进行关联性的研究。有多少种共同体，就有多少种自然法。亚里士多德主要从两个层面来探讨自然法：一是从风俗习惯的层面，即不成文的道德法，它关乎德性的教化，是按照自然法则规定的法律，按照自然的法则，行为有正当与不正当之分；二是从律法的层面，即成文的特殊法，它关乎立法者与政制，是管理城邦的法律。亚里士多德在《修辞学》中专门对不成文法做了详尽的描述。不成文法分为两类，一类称为习惯法。习惯法不规定惩罚，而是按照人们对风俗习惯的看法称赞善行、谴责恶行。另一类用来纠正特殊情况下被误用的成文法，也称平衡法。平衡法在人们看来是相对公正的。② 社会共同体发展了普遍规范，而不成文的礼法也在这样的政治共同体中不断得以发展和完善，成员们希望由此能够了解彼此的行为。而这些规范，即便是未书写出来

---

① 亚里士多德. 尼各马可伦理学［M］. 廖申白，译. 北京：商务印书馆，2003：161.
② 苗力田. 亚里士多德全集：第9卷［M］. 北京：中国人民大学出版社，1997：62-64.

的，在运用的过程当中仍要通过政治共同体来进行裁决。关于积习所成的不成文法与成文法哪个居于优先位置，亚里士多德并没有做详细的论述。因为他注意到不成文法最重要的特征在于它们对个人性格和行为产生了更深远的影响，而非在一个立法的等级制度中所占的位置。通过对具体行为习惯的灌输，法律塑造道德倾向的功能是它对政治生活所做的最大的贡献。

自然法的第三个普遍特征是所有的法律都源于人类的实践理性。亚里士多德主张法律是"表达着某种明智与努斯的逻各斯（理性原则）"①。他关于法律是"免除一切欲望影响的理智"的著名论述激发了许多学者对法律合理性的赞美。有国内学者认为，"实践理性是人类判断与选择正当行为的能力。亚里士多德把规范人类行为的律法置入到人类实践的语境当中，从而获得了一种实践理性的理解"。因此"作为行为指引的实践理性可被用来作为法律规范的论证基础"②。厄奈斯特·巴克曾有感于亚里士多德对法律理性的描述，"人的理性是许多情感的亲密邻居，它很难在喧闹声中被倾听，而在法律中理性的声音是纯粹、清晰甚至是孤独的，但却能在所有情感肃然起敬时穿透寂静大声呼喊。德性按照理性的指引存在于生命中，理性之言是道德的行为准则，因此理性的法律也就是道德行为准则的法律"③。

二、法的两种实践活动

政治学包括考虑的明智和裁决的明智。亚里士多德将法的实践活动

---

① 亚里士多德. 尼各马可伦理学［M］. 廖申白，译. 北京：商务印书馆，2003：314.
② 张超. 亚里士多德：实践理性与法［J］. 山东理工大学学报（社会科学版），2007（02）：47-51.
③ BARKER E. The Political Thought of Plato and Aristotle［M］. New Delhi：Isha Books，2013：321.

划分为立法的政治活动（legislation）与裁决的政治活动（adjudication）。立法的政治活动在于将共同体制度内化于共同体成员的具备道德倾向的行为习惯当中，并在某一特定情况下拥有一些特殊权力来强制实施规范。立法的政治活动针对的是普遍的规范，而裁决的政治活动针对的是具体的事件与情境分析。

无论是通过成文的法典还是早前的制度化体系，按照大多数现代理论来看，自然法的合理化无疑是法律体系的首要目标。亚里士多德在《修辞学》中提到裁决人会遇到各种类别的法：本地的、国家的、国家之外的风俗习惯、共享的道德准则、也包括成文的法律。亚里士多德建议立法者调整他们的法律来满足政体的需求以便进行裁决和实施，但他从未提出"将法律合理化引入到一个连贯一致的系统中"是立法者、裁判官或政治哲学家的一项重要任务，而法律秩序或法律体系的概念也似乎并没出现在他的著作中。一旦我们从他关于法律的普遍陈述转向他对裁决概念的论述，我们就能发现亚里士多德很明显并没有对将法律的多样性引入到一个连贯、等级制度分明且有组织的系统中产生过任何兴趣。诉讼当事人以成文法还是以不成文法为主要裁决标准应该以是否满足他们的目的为先，而亚里士多德将这个问题交给了仲裁者，让仲裁者去决定在具体案例中哪种法律是最起作用和最重要的。

亚里士多德最明确的关于裁决的论述出现在《政治学》的第一章，他将裁决描述为对正义与否的判断，而非对是否构成违法犯罪的判断。裁决是制度化的管理或规则，政治共同体成员通过裁决来判定特定行为的正义与否。立法与裁决是共同防范我们企图向恶的理性能力。因此，人类品格的提升不仅仅需要法律的帮助和共享的普遍规范对实践理性的运用进行约束，而且更需要的是一些谋划来决定哪些特定的行为被政治共同体认为是正义的，而哪些被认为是不正义的。

在《修辞学》中对不正当行为的判定有这样一段描述：正当与不正当视法律与人而定。正当的行动与不正当的行动分两类，其中一类涉及个人，另一类涉及社会，对不正当行为的控告都是涉及社会或个人的。① 律法不应该是一成不变的，作为法的两类实践活动，立法与裁决相辅相成，裁决的实践活动是对立法活动的运用与修正。成文法不能细述所有的情形，"用普遍词汇所叙录的每一成规总不能完全概括人们千差万殊的行为，最初的法令律例都是不很周详而又欠明确，必须凭人类无数的个别经验进行日新又日新的变革"②。

亚里士多德试图将两种不同的政治活动做明显的区分。但另一方面，在对具体法案进行分析的过程中，仲裁者常常会弱化用以进行法律解释的自由裁量权（limited discretion in interpreting laws）。

仲裁者之所以常常会弱化用以进行法律解释的自由裁量权，第一个原因在于，从实践活动本身来看，考虑到裁决人在阐释法律时所具备的决断能力不同，比起要求大多数人能够良好地运用法律，"找到一个或是少数有能力制定法律的人更加容易"③。尽管这样的论述似乎相对适用于古希腊人，在雅典审判的角色会分配给大量随机抽选的公民陪审员，但这同现代法律制度是具有某种关联性的。④ 我们只需要一名或是少数心思缜密的智者来起草一部具有价值的法律，而我们却需要相当多的且不限制数量的个人去诠释法律，因为我们要在许多不同的情况下、在许多不同的案例中运用这些法律。在不抹杀个人才智的积极作用而更

① 亚里士多德. 修辞学［M］//亚里士多德全集：第 9 卷. 北京：中国人民大学出版社，1997：62-64.

② 亚里士多德. 政治学［M］. 吴寿彭，译. 北京：商务印书馆，2010：82.

③ ARISTOTLE. On Rhetoric：A Theory of Civic Discourse［M］. 2nd ed. KENNEDY G A, trans. New York：Oxford University Press，2007：32-33.

④ YACK B. The Problems of a Political Animal：Community，Justice，and Conflict in Aristotelian Political Thought［M］. Berkeley：University of California Press，1993：190.

注重法律的前提下，比起期待所有的法官在特定情况下都拥有应用律法的洞察力，期待有足够影响力的个人去制定良好的律法似乎更为亚里士多德所接受。

在解读具体法律时影响仲裁者判断的第二个原因，亚里士多德将其归结为立法是长期且深思熟虑的结果，而裁决则是对当下现实的反馈。立法的目的是建立日后得以实施的普遍规范，而裁决的目的是解决"当下且确定了的问题"。因此，就实践活动的主体而言，立法者比裁决者能够更好地逃离那些伴随着具体个人所带来的伤痛和利益。亚里士多德称这种"更好地逃离"为立法者营造了一个更舒适的环境去审议最好的法律。而反观裁决的实践活动，个人需要从裁决者那里获得方向来最终肯定他们之前或许自相矛盾的判断。裁决者并没有立法者那样的兴致去重新定义或抛开某些主观因素，而这些主观因素也许在另一环境下能够被更好地避免或处理。① 因此，裁决者（法官）需要具备实践智慧，"好的法官在其正当的法律目的与手段的选择中必须拥有实践智慧。它是一种使个人在特定情形中能做出好的选择的德性，拥有实践智慧的人知道哪种特定的目的值得追求，哪种手段最适宜于达成这些目的"②。任何一种与事件本身无关的情感都会获得陪审员的同情心和同理心，同时这些主观的非理性因素能够直接影响到裁决人对事件的理性判断。"诉讼当事人只应证明事情是这样的或不是这样的，是发生了或没有发生，至于事情是大是小，正当不正当，凡是立法者所没有规定的，都应由法官或裁决人来断定，而不应由诉讼当事人来指导他们。"③

---

① YACK B. The Problems of a Political Animal: Community, Justice, and Conflict in Aristotelian Political Thought [M]. Berkeley: University of California Press, 1993: 190-192.

② 李萍，董建军. 德性法理学视野下的道德治理 [J]. 哲学研究，2014（08）：107-114, 129.

③ 苗力田. 亚里士多德全集：第 9 卷 [M]. 北京：中国人民大学出版社，1997：22.

亚里士多德在这里并不是主张立法者本质上要比裁决者更公平，毕竟以亚里士多德的视角来看，司法部门和行政部门是同一类构成。他更强调的是创造更好的条件来审议普遍规范应用的合理性，他认为裁决者亲历了真实的伤痛或是存在某种利益关系，本身对审议一般问题的有效性起到了一定的约束作用。

关于法律解释中的有限裁量权，亚里士多德的第三个论点在于审讯的特殊性或特定性，通过裁决人的判决更为直接地将裁决人暴露在自身的非理性因素（个人利益或情感偏好）当中。与此同时，这种特定性也使得裁决者更容易将他们自身的利益从案例研讨中分离开来，而变得更加谨慎。毕竟这并不是要决定他们自己的命运，除非他们和诉讼当事人有某种私人的关系。因为提升了更多的公正性，也许有人会认为裁决的这方面使得它更多而不是更少地有助于审议具体法律的价值。相反，亚里士多德认为个人利益的缺失降低了对司法审议的重视程度。裁决人接受本该排斥的诡辩论和琐碎的争论，这些争论因为利益的牵涉而更容易混淆毫无实际利益关系的裁决人的判断，因为人们"只会从自身角度去考虑和倾听对他们自己有益的部分，认同辩论者但不会给出一个真实的判断"①。

三、法的内在合理性研究

亚里士多德对法的内在合理性（legal rationality）的研究保持着一种相当谨慎的态度。一方面，当他论述法律源于实践智慧或审慎时，他只是在暗示人类有这样的能力，在特定的环境下去运用智谋，在可能的

---

① ARISTOTLE. On Rhetoric：A Theory of Civic Discourse［M］. 2nd ed. KENNEDY G A, trans. New York：Oxford University Press，2007：32-33.

行为中做出选择。"政治学和明智是同样的品质，虽然它们的内容不一样。城邦事务方面的明智，一种主导性的明智是立法学，另一种处理具体事务的明智则独占了这两者共有的名称，被称作政治学。处理具体事务同实践和考虑相关（因为法规最终要付诸实践）。"① 因此，自然法（普遍的知识）同法令（具体的知识）来源是相同的，且没人会认为一般的政治法令能够代表道德理性的"纯粹"和"孤独的声音"。法的实践智慧（明智）表明人类的行为和深思熟虑能够对他人的判断施加影响，但这种实践智慧并不可靠。"司法智慧只是实践智慧的具体运用。法律文本常常是用普遍性的语言形式，面向一般对象而不是特定的个体。在某些特定情况下，如果完全遵从法律的形式主义要求，那么，这会导致不公平的甚至荒唐的结果。"② 另一方面，对亚里士多德来说，还存在着第二种更具形式感的法的合理性观念。他提出为行为者预设的法律形式是三段论的典型模式，而因其普遍性和前瞻性的特点，法律也同时促使行为者接受这种三段论的推理。评判一个人是否违法，我们必须构建出一套三段论体系，并将法律作为主要的前提，将个人行为作为次要的前提。因此在亚里士多德看来，自然法表现出的既是实质上的理性也是形式上的理性。③

当然，在推崇法的内在合理性的同时，亚里士多德也指出了其中的局限性，对司法改良问题的研究便是很好的说明。"变革是一件应当慎重考虑的大事。变革一项法律大不同于变革一门技艺。法律所以能见成效，全靠民众的服从，而遵守法律的习性须经长期的培养，如果轻易地

---

① 亚里士多德. 尼各马可伦理学［M］. 廖申白，译. 北京：商务印书馆，2003：177.
② SOLUM L，王凌皞. 美德法理学、新形式主义与法治：Lawrence Solum 教授访谈［J］. 南京大学法律评论，2010（01）：335-343.
③ YACK B. The Problems of a Political Animal：Community, Justice, and Conflict in Aristotelian Political Thought［M］. Berkeley：University of California Press, 1993：182-184.

对这种或那种法制常常做这样或那样的废改，民众守法的习性必然消减，而法律的威信也就跟着削弱了。"① 在这里，亚里士多德指出自然法限制了一种明确的、非常宝贵的理性：指导艺术和技艺的实践理性。在艺术中，当我们找到一种更好的方式去做我们想做的事时，我们就会换一种实践，我们总是鼓励并欢迎应用理性去发现更好的制造事物和训练技艺的方法。但是自然法限制了这种理性的应用，即便是一种更好的律法被熟知，应用它也许是不明智的，因为对司法改革的接受程度更多的是基于习惯而非工具化的合理性。

另外，法律也限制了我们可以运用在并不符合标准的特殊情境下的理性，缺乏灵活性是我们为了获得司法理性的相对公平所要付出的代价。"人类的命运往往是不确定且不稳定的，但就人类本身而言，理性是活的，它能够改变命运；相反在法律中，理性是死的，是一个已经决定了的应用在未来不可知环境中的判断。"② 因此可以说，自然法证明了实践理性同样也限制了实践理性。

虽然自然法和理性相互作用，但他们的作用并非完全重合。"法学的思考方式并非一种直线式推演，而是一种对话式讨论。"③ 律法存在于言语当中，通过实践理性体现在具体的法律裁决当中。尽管我们拥有合理性，但"如果不讲礼法、违背正义，我们就堕落为最恶劣的动物"④。人类所生而具备的理性功能和言语机能需要通过实践智慧与善德加以运用，没有自然法所创造的这些约束条件，人类可能会无限制地运用他们的理性能力，而这正是亚里士多德所担心的。所以说，法律是

---

① 亚里士多德．政治学［M］．吴寿彭，译．北京：商务印书馆，2010：82.
② YACK B. The Problems of a Political Animal：Community，Justice，and Conflict in Aristotelian Political Thought［M］．Berkeley：University of California Press，1993：184-185.
③ 颜阙安．法与实践理性［M］．北京：中国政法大学出版社，2003：87.
④ 亚里士多德．政治学［M］．吴寿彭，译．北京：商务印书馆，2010：9.

对实践理性运用的一种约束，而这是由实践理性本身造成的。

四、公道与实践智慧

公道是对法律正义的一种纠正或者说必要补充。裁决对亚里士多德而言是一项必要的政治活动。即便是所有这些争论都存在，他也不得不承认，裁决的实践活动仍然需要更多地来自裁决者自身所具有的解释性判断力。法律本质上是一般原则，他们无法精确到具体地指导裁决人在每一个情境案例中应该如何运用法律。"在需要用普遍性的语言说话但是又不可能解决问题的地方，法律就要考虑通常的情况，尽管它不是意识不到可能发生错误。法律这样做并没有什么不对。因为，错误不在于法律，不在于立法者，而在于人的行为的性质。人的行为的内容是无法精确地说明的。所以法律制定某种规则，都会有某种例外。当法律的规定过于简单而有缺陷和错误时，由例外来纠正这种缺陷和错误，来说出立法者自己如果身处其境会说出的东西，就是正确的。"①"生命短暂还无法列举出所有的情形"，这对于法的实践也是适用的，因此，亚里士多德强调当字面上的程序并不适用于某一具体案例时，裁决人有责任对法律进行"修正"。②

另一方面，亚里士多德式的公道是我们所希望的公正的、个人该有的一种品质，而非代表着一套矫正的规范。公道的人出于选择和品质而做公道的事，拥有公道品质的个人是那些"虽有法律支持也不会不通情理地坚持权利，而愿意少取一点的人"③。公道的品质使得公正的处

---

① 亚里士多德. 尼各马可伦理学［M］. 廖申白，译. 北京：商务印书馆，2003：161.
② YACK B. The Problems of a Political Animal：Community，Justice，and Conflict in Aristotelian Political Thought［M］. Berkeley：University of California Press，1993：193.
③ 亚里士多德. 尼各马可伦理学［M］. 廖申白，译. 北京：商务印书馆，2003：161.

理方式在一定程度上弥补了个人合法性的不足，同时调节着裁决者们在具体情境应用普遍规范的偏好。让正义的个体试图去接受在特定情境中抛开普遍规范而对正义行为进行重新思考的必要性，但这并不意味着要放弃守法的品质。"公道和合法性是亚里士多德在法的实践中所提出的两种品质，我们应该期待它们出现在裁决者身上，而不是更高的或更低的道德标准的体系当中。"① 索伦提出法理学需要一种亚里士多德式的转向，即对德性聚焦。"心智中一种使拥有者可靠地倾向于做出公正的裁决的自然的可能性情"，他将其称作是审判德性，这其中包括但不限于适度、勇气、好品性、理智、智慧和正义。② 公道的人能够在与裁决有关的情形中做出"法律上正确"的裁决，而在审判裁决中，"法律上正确"的行为等同于"合法"的行为，合法公正的行为就等同于有德性的行为。

对亚里士多德而言，法律本身并没有具体描述什么是正义的行为。正义的行为是那些具备正义美德的人所表现出的行为，是由那些拥有正义品质的个人在特定情况下所表现的行为所定义的。这并非由法律所引导的行为去决定，那些正义的个人所表现出的行为是他所生活着的共享规范的共同体所引导的行为。从某种角度来看，这也使得所有的法律在实际应用中变得公正。因此，裁决直接影响的是正义的行为，而不仅仅是合法性行为。裁决的目的在于判定个人在特定情境下所想要表现的非正义行为是否已经表现出来。仅在涉及法律上是否正义的方面而言，裁决者并不比个体行为者知道得多，无论是成文的还是不成文的规范。仲

① YACK B. The Problems of a Political Animal：Community，Justice，and Conflict in Aristotelian Political Thought［M］. Berkeley：University of California Press，1993：194.

② SOLUM L. Virtue Jurisprudence：A Virtue-centered Theory of Judging［J］. Metaphilosophy，2003，34（1-2）：178-213.

裁者需要更全面地考察特定情况下对普遍规范的应用，而这需要的是谨慎明辨而非机械的判断。他们必须清楚正义的个人在特定情境下应该做什么才能做出深思熟虑的判断，"去找法官也就是去找公正，因为人们认为，法官是公正的化身"。因此，对于一位亚里士多德式的裁决者而言，从理论上来讲，裁决人（法官）必须"活得正义"①，仅仅凭借丰富的法律知识储备是无法实现的。

错误和罪行虽都是恶的德性，但不应当受到同样的惩罚，不幸事件和罪行也同样如此。公道对法律的修正，"对应着立法者自己身历其境时会说出的东西"②，"不拘泥于法律的文字，而要考虑到立法者的用心；不以行为而论，而要考虑到行为者的意图；不以部分而论，而要考虑到整体；不以某个人当时是什么样的人而论，而要考虑到他过去一直或经常是什么样的人"③。公道的概念需要裁决者体悟到正义的精神和意图，好比法律的文字运用在具体情境下一样。无论是立法者还是裁决人，他们都既要有普遍的政治学识，又要具备特殊的政治实践经验，尤其是要成为拥有明智的决断能力的有德之人。而这种明智体现在对法的正义的调节，就是亚里士多德所讲的"公道"。

第三节　公民生活与社会正义

亚里士多德提出"人是政治动物"的含义在于共同体生活是人类实现至善而完满的载体。社会阶层的每一面都对人类幸福做出相应的贡

---

① 亚里士多德. 尼各马可伦理学［M］. 廖申白，译. 北京：商务印书馆，2003：138.
② 亚里士多德. 尼各马可伦理学［M］. 廖申白，译. 北京：商务印书馆，2003：161.
③ 苗力田. 亚里士多德全集：第9卷［M］. 北京：中国人民大学出版社，1997：398.

献，同时作为社会秩序表现形式的城邦，广泛的社会组织也在其中获得自我实现。城邦与公民、公民与公民的关系是城邦伦理关系的结构性存在，社会的"善治"的一个重要方面在于倡导公民积极地参与社会实践活动。亚里士多德提出"人是政治动物"命题的目的在于公民通过积极参与政治生活能够获得对人之为人的存在肯定以及人所独有的德性。亚里士多德关注公民在城邦的作用表现，作为城邦的"质料因"构成，公民角色以及公民生活的共建是城邦制度伦理秩序的基础。公民追求共同的目标以及共享共建的方式，为的是获得个人的自我实现以及城邦的繁盛发展。城邦的角色在于促进个人实现其潜能并获得个体的善，离开了共同体的背景，个人的善德是无法实现的。

一、关于"政治动物"的论述

在现实社会中，人的生活境遇同政治生活密切相关，"人天生地要过共同的生活"。良好的城邦为实现个人的善提供了获得幸福的最大可能。城邦制度的功能在于建立起一种合法化的治理模式，并以此构建社会生活的基本秩序，因此，政治生活构成了人类社会生活的基础结构。

《政治学》一开始便指出，所有的共同体都是为着某种善而建立的，最崇高的共同体是那种出于对至善的追求而被建立起来的形式，这便是城邦。① "城邦"这一概念在亚里士多德那里并不仅仅是一个区域性的概念，"虽然疆域大小是一个很重要的因素，但'城邦'更代表的是一系列社会与制度规范"②。亚里士多德对城邦概念的分析具有一个基于史实的开端，城邦先于更为基础的村镇和家庭的结合而存在，这些

---

① 亚里士多德. 政治学［M］. 吴寿彭，译. 北京：商务印书馆，2010：3.
② KRAMNICK I. Essays In the History of Political Thought［C］. Englewood Cliffs：Prentice-Hall, 1969：63.

更为基础的结合作为城邦的"子机构"不断地发展并有了它们自己的生存方式。"等到由若干村坊组合而成为'城市（城邦）'，社会就进化到高级而完备的境界，在这种社会团体以内，人类的生活可以获得完全的自给自足；我们也可以这样说：城邦的长成出于人类'生活'的发展，而其实际的存在却是为了'优良的生活'。"① 按照历史发展的次序将三类实体组织作为三种逐渐宽泛的"人类组织"形式，亚里士多德认为人类能够从这一现象中体悟到一种带有目的论的发展模式，并能够认识到一种为了目的或为了自我实现而"运动"的实践过程。

作为人类自我实现的结合体，城邦代表的是"自由人与平等者"的结合，平等主要存在于他们的公共理性（common reason）当中。在讨论夫与妻、父与子两种出现在家庭族群的人际关系时，亚里士多德也同样强调了这一点。也就是说，抛开时代所给予亚里士多德的思想局限性，我们确也发现了人性善的完满之处。理性得到充分发展的，是城邦的公民。既然城邦的存在是为了使好的生活成为可能，那么它必须在理念上提供一种对所有成员而言都能够平等地共享成熟理性的社会生活环境。

共同体的产生似乎注定了要去实现人类的至善且完满的生活，由此幸福才有可能被实现。出于互帮互助的需要以及对共同利益的愿景，城邦的作用已远远超出村落集体和战线、商业联盟。"一种实行劳动分工的社会、一种生活需求的体系以及对生活需求的满足是城邦必要的，但不是足够的条件，这些条件归根结底只不过是目的之手段：幸福的生存，完美的及自足的生活。"② 社会阶层的每一面都会或多或少地对人

① 亚里士多德. 政治学 [M]. 吴寿彭，译. 北京：商务印书馆，2010：7.
② 奥特弗里德·赫费. 实践哲学：亚里士多德模式 [M]. 沈国琴，励洁丹，译. 杭州：浙江大学出版社，2011：15.

类幸福做出贡献，同时，城邦中多样的社会组织也成为社会秩序的表现形式。这些社会组织包容着各种类型的小团体，而这些小团体能够在其中获得自我实现。"早期各级社会团体都是自然地生长起来的，一切城邦既然都是这一生长过程的完成，也该是自然的产物。这又是社会团体发展的终点；每一自然事物生长的目的就在显明其本性，又事物的终点，或其目的因，必然达到至善，那么这个完全自足的城邦正该是自然所趋向的至善的社会团体了。"①

在共同体的生活中，在社会联系与政治联合体当中，公民形成了一定的目标设想和行为模式，这些清楚地体现在风俗习惯与正义律法当中。从体现为法律和习俗的政治伦理化的经验学习中，公民接受到自我教育。在城邦生活的个人不仅意识到自己是一个个体，"而且是一个普遍社会的成员，具有同其他人大致相同的个性"②。通过共同体学习教育的引导，共同体成员明智而不盲目，其中每个个体都能够出色且自由地获得自我实现。这种自由的实践活动不可能是个别地实现，唯有在城邦或是共同体中才能够实现，这正是亚里士多德著名论断"人是政治的动物"的含义。家庭和村落的存在是为了生活，城邦的存在是为了好的生活，借助于城邦，家庭和村落的形成过程才会变得有意义。因此，城邦是人类社会的终极目的，也是发展的顶点。

二、作为质料因的公民构成

亚里士多德贯穿政治学始终的是，既以经验主义的形式也以"合乎理性的"形式为我们发展出一幅理想秩序的蓝图。他也在基于史实

---

① 亚里士多德. 政治学［M］. 吴寿彭，译. 北京：商务印书馆，2010：7.
② 张盾. "道德政治"的奠基与古典自然法［J］. 中国人民大学学报，2013，27（04）：58-63.

的城邦制度中设定了构成这一制度的诸多要素，从对"四因说"的讨论开始了关于构成良好城邦的目的、质料以及形式的因素的论述。

公民是那些"参加司法事务和治权机构"的人们，他们共享公共事务以及共享国家荣誉，是城邦的一部分，是最好的"质料"。宽泛来讲，公民的属性决定了城邦制度的属性，也就决定了社会正义以何种方式得以体现。公民的生活方式，他们的价值观、习惯、德性观、恶习将会成为这个共同体的生活方式。如果这种生活方式是好且合适的，那么共同体的目的善也将会实现。如果相反，那么共同体也将会变差。在《政治学》卷三中，亚里士多德告诉我们必须将"好的公民"同"好人"区别开，只有在理想城邦中，他们才是一致的。在其他情况下，"好公民"将是在城邦中扮演他自己恰当角色的人。作为城邦一员，他要为保护他的国家做出贡献，好公民的品德在于修习自我管理和受命服从这两方面的才识。一方面，作为管理者，他应该懂得如何管理自己和他人。另一方面作为"自由而平等之人"，也须知道服从和受命于他人的治理。一种品德分离出两种性质或两种程度，亚里士多德分别称之为"主人的正义"和"从属的正义"。① 理想的公民生活中，好的公民也是好的人，他们引领着某种在伦理学中所描绘的道德生活，某种人类社会中公民最好的生活。"公民应该具备一种精神和智力的天赋，具备一种勇气和智慧的基础，以及一种将慷慨而有节制以及其他两种德性相结合的生活。"②

此外，亚里士多德主张理想城邦的公民中大多数应该来自中产阶级（或是现代意义上的中等收入群体），因为中产阶级的物质环境有益于

① 亚里士多德. 政治学［M］. 吴寿彭，译. 北京：商务印书馆，2010：128.
② KRAMNICK I. Essays In the History of Political Thought［C］. Englewood Cliffs：Prentice-Hall，1969：80.

形成有道德的生活，他们并不承受任何来自极富和极穷制造恶的心理上的压力。趋向于极穷或极富哪一端的人们都不会遵从于理性的指导，"一个城邦作为一个社会（团体）而存在，总应该尽可能由相等而同样的人们所组成"①，而中产阶级公民是平等的，他们的身份地位也近似相同。

城邦是幸福与自由实践的联合体。平等自由与理性是公民构成的基本原则。良好的社会自身包含着所有的手段方式，为了创造出人类获得受中道原则指导的高尚行为的生活，促成好的公民生活的第一准则是实现自我满足，或者自给自足（autarky）。如果城邦关于善的生活标准是自给自足，那么这也会使得城邦成员成为善的人。具备良好的自然和人为的质料形式，城邦的天赋就在于将这种静态的潜力转变为一种有道德的现实活动。而只有正确的教育方式才能够确保这种好的质料和好的形式不会被浪费而是被合理地利用。良好的德性教育能够使公民个体在具体的政治生活中以某种恰当的方式施展其功能，并为过一种善的公民生活而创造出必要的条件。

三、公民参与的重要性

具有德性的公民引领最优质的社会生活。亚里士多德关心的是这一类的生活，即"大多数人所能实践的生活以及大多数城邦所能接受的城邦制度"②。理想的衡量标准在行于中道，"倘使我们认为《伦理学》中所说的确属真实——真正的幸福生活是免于烦累的善德善行，而善德就在行于中道——则（适宜于大多数人的）最好的生活方式就应该是

---

① 亚里士多德. 政治学［M］. 吴寿彭，译. 北京：商务印书馆，2010：209.
② 亚里士多德. 政治学［M］. 吴寿彭，译. 北京：商务印书馆，2010：207.

行于中道，行于每个人都能达到的中道。又，跟城邦（公民团体中每一公民的）生活方式相同的善恶标准也适用于政体；政体原来就是公民（团体和个人）生活的规范"①。因此真正幸福的公民生活，一方面是一种遵循中道的生活。以适度为标杆，这种中道既是情感的中道，也是行为的中道，是在正确的时间、地点、场合，以正确的方式生活。另一方面，理性功能的卓越也体现在明智的生活当中。好的社会生活是受理性原则指导的具有高尚行为的生活，在这里"高尚的行为"这一概念被给予了一种新的内涵。哲学家通过沉思生活获得的德性。沉思的理性、非凡的能力，也许并不需要社会去满足自身的发展，但哲学可以服务于社会。当然哲学家，为了作为人的自我实现，也需要社会。为了消解这一困境，亚里士多德在政治学的第七章阐述道，哲学最好理解为一种行为、一种活动，因而也就能将哲学的生活类比为理解为行动的生活，也就是城邦的生活。② "有为"的生活实践必须牵涉人与人之间的相互关系，参与到公共生活当中，同时于己又要专心内修，完全不干涉他人。

城邦的意义在于自由，自由公民为了自由而联合起来。亚里士多德将自由定位于公民在公共生活中的实际参与，公民权利体现在自由的实践活动当中。一方面，自由代表着一种以政治参与为核心的积极自由。它强调公民的自由是政治的自由，这种自由通过不断地追求德性、积极参与政治生活以及谋求共同福祉来得以实现。好的社会，除了要有好的治理者，还要能够塑造好的公民，个人融入社会，才会获得自由。另一方面，公民自身也要不断提高自治能力，个人的自由同公共服务的履行

① 亚里士多德. 政治学［M］. 吴寿彭，译. 北京：商务印书馆，2010：208.

② KRAMNICK I. Essays In the History of Political Thought［C］. Englewood Cliffs：Prentice-Hall，1969：79.

和德性的培养密不可分。"公共服务的履行和美德的培养不但是与个人自由相容的,而且是确保任何程度的个人自由的必要条件。"① 自由是获得公民身份与公民权利的最终目的,这不仅是公民个人的理想,也是国家的诉求。亚里士多德提出公民享有参与政治决策和处理公共事务的权利,这也就是肯定了公民参与公共生活所起到的作用。贡斯当(Benjamin Constant)认为这种积极公民的观念的基础正是亚里士多德所表达的"政治动物"的理想。②

在古希腊城邦制时期,公民权利这一概念并没有出现在城邦政治当中。因此这一概念也没有出现在亚里士多德的公民理论当中,但这并不代表他否定公民权利。在对公民的界定和对公民自由的理论阐述中,亚里士多德对公民权利尤其是公民积极参与政治生活是肯定并且鼓励的。由此,我们可以推断出,亚里士多德对公民权利的肯定主要体现在对公民的界定和对公民自由的论述当中。

自由的实践活动在共同体中首先表现为对法的尊重,约束与自由并存,这是公民的权利也是公民的义务。通过参与公共讨论和集体决策,公民能够在个人生活之外获得一种基于共同利益的共识性观念。而要想获得社会正义,公民就应当"重视群体身份与群体权利,因为建构个体的恰恰正是群体"③。亚里士多德关注公民在城邦的表现,他认为个人只有在城邦的社会生活中才能够实现自我价值。传统的古希腊人在理性与审慎方面共享一个基本的信念,个人从属于城邦是为了追求共同的福祉。良好的政体才能体现出民主的特征,而公民权利只有在民主制城

---

① 应奇,张小玲.迈向法治和商议的共和国:试析共和主义政治哲学的基本走向 [J]. 社会科学战线,2006(03):33-37.
② 任军峰.共和主义:古典与现代 [M].上海:上海人民出版社,2006:6.
③ 宋建丽.多元文化境遇中的正义伦理:一个公民资格的理论视角 [J].理论探讨,2007(04):54-57.

邦中才能获得更多的体现。公民是国家政治活动的参与者，政府的合法性来自人民，保障公民权利是政府的主要职责。"国家的角色在亚里士多德看来不是为了实现共同善而限制个体行动的自由，恰恰是要使个人能够实现其潜能，获得他或她的善，而这除非在国家的背景下，否则是不可能的。"①

第四节　实践智慧与"善治"的社会属性

亚里士多德在《政治学》中围绕着实现人民幸福而优良的生活这一目的，展开其"善治"的实践分析。共同体的存在是为了实现人民的共同福祉，社会的善首要是实现其功能性，完成社会的功能的实现。遵守道德规范和成文法律是法治的功能，作为社会"善治"的核心，法治表现为普遍守法与良法之治两个方面。轮番为治是公民的权利，守法是公民的义务。良好的生活方式应该和良好的律法结合在一起。从政治正义（普遍正义）的角度来看，法治与公民权利是相互协调、相互作用的。社会"善治"对政府而言表现为国家的法律体系体现出共同体全体成员的共同利益，同时政府职能机关切实履行职责，以获得公民对政府的合理期望值。对个体而言，社会"善治"要求公民积极地参与政治实践活动，按照自己的意志，服从自己制定的良法。

一、"善"的社会功能论证

从现代政治语义来看，"善治"体现的是一种现代理想政制的治理

---

① 乔纳森·巴恩斯. 剑桥亚里士多德研究指南 [M]. 廖申白，译. 北京：北京师范大学出版社，2013：312.

模式，兼具西方语境下的工具性和中国传统意义上的价值性。"善治"一词在当代政治研究领域的兴起，主要源于世界银行关于"治理危机"的发展报告。"善治"这一概念在国际上主要应用于与国家的公共事务相关的管理领域活动和政治经济领域活动中，是一种治国理政的方略。社会"善治"的核心在"善"，具有实现公共利益最大化的价值诉求。国内学者将善治作形式定义与实质定义两种界定。① 形式定义通过思辨或是逻辑的方法说明善治的一般规定性和内在逻辑，"善治"的"善"表现为"抽象的善"。实质定义则根据不同理论的语境与实践状况对"善治"的具体内涵及其不同用法进行内容划分，体现的是"具体的善"部分。善治没有具体所指，获得公共利益最大化只是善治的抽象的、总体的目标。法治只是一个"具体的善"，而想要理解这个"抽象的善"还需借助于体现出社会功能化的"具体的善"。

政治科学是研究家庭管理与城邦及其组织结构对公共事务进行治理的实践科学。而伦理学的主体涉及幸福概念和实现幸福的活动方式，这其中包括德性、友爱和快乐。亚里士多德的《政治学》接续着其在伦理学著作末尾所讨论的主题而展开，从伦理学研究转向政治学研究是具有相似性和连续性的。"就人而言，善对个人和对城邦是同一的，然而获得和保持城邦的善显然更为重要、更为完满。"② 政治学探讨的是幸福生活的各种不同机制，而伦理学研究的则是在这些机制中从个体层面对如何认识与获得善进行界定与论述。两者的关联性就在于"伦理学从一开始便是一种政治反思"，"伦理学是政治学，因为善产生于交际

---

① 吴畏. 善治的三维定位 [J]. 华中科技大学学报（社会科学版），2015，29（02）：1-9.

② 亚里士多德. 尼各马可伦理学 [M]. 廖申白，译. 北京：商务印书馆，2003：6.

之中，而政治学是伦理学，因为交往的一些机制有助于善的形成"①。

亚里士多德将政治科学与伦理学都归到实践科学的领域内，目的是强调德性与律法、个体与城邦之间存在着某种内在联系。两者共同构成了一个整体，而最终的目的是实现公民的幸福生活，但这需要在共同体的政治体制中完成。"实践知识关注人类行动和人类生活中的具体事务，致力于研究如何获得对于个人和城邦而言的最高善。"② 两门学科从不同的角度探讨着同一个主题：人类社会的善。

不同于柏拉图在法律篇中的论述，亚里士多德对理想社会的分析不是一种虚构的设想，也不是一种从最初的理想秩序的历史残骸中解救出部分元素来进行自我意识的再创造，它更像是一种非自我意识的产物，并指向城邦目的的自然发展。③ 亚里士多德对于目的善的研究源于一种被称为"功能论证"（function argument）的分析方法，这一重要的论证思路被认为将个人与城邦二者紧密地联系在一起。一种好且富足的生活不只需要防御性的安全和物质上的保障。城邦的目的不仅仅在于提供一种联合抵抗任何伤害的共同防御措施，或者促进地区间交流和提高经济贸易往来，城邦本身的目的在于实现人类的善。人类的善，就如同任何生物的善一样，首先必须能够满足"功能"上的需求。

同其他生物体相比，人的特有功能是更高等的理性或是言语机能，因此理性真正界定了人。若人能够将理性功能卓越地发挥出来，他就是好人或幸福的人。从这个意义上来说，人的幸福就在于"达到卓越的

---

① 奥特弗里德·赫费. 实践哲学：亚里士多德模式 [M]. 沈国琴，励洁丹，译. 杭州：浙江大学出版社，2011：19-20.

② 陈玮. 在个体善和城邦善之间：亚里士多德论伦理学和政治学 [J]. 浙江社会科学，2016（07）：46-53，156.

③ KRAMNICK I. Essays In the History of Political Thought [C]. Englewood Cliffs：Prentice-Hall, 1969：73.

理性实现活动"①。人的特有功能在于理性，而人的德性就是理性的卓越。"功能论证"是亚里士多德对幸福自足与理性的推崇，这种对卓越的德性的培养是一个长期的训练过程。通过个人的选择使人的行为和情感顺从理性，目的是实现人的自然目的——幸福。

亚里士多德在其伦理学和政治学著作中都提到了"自然（physis）"和"功能（ergon）"这两个概念。在《政治学》开篇，他第一个要研究的对象便是城邦的功能或政治目标。每一种自然事物生长的目的都在于显明其本性②，每一物的本性由其功能决定。当它发挥其功能时，它才真正是其所是。就某种程度而言，功能既是本性，也是目的。"功能（ergon）"与"活动（energeia）"在词语结构上存在着某种相关性。"当亚里士多德谈论'活动'时，实际上他是在与事物自然本性相关的语境内进行探讨。"③ 在亚里士多德看来，事物在其自然本性相关的活动上发挥得好，就是实现善。幸福也是一种善，"幸福为善行的极致和善德的完全实现，这种实现是出于'本然'而无须任何条件性的'假设'。所说出于'本然'必自具备内善，不必外求"④。如果说，功能的实现是一种活动，那么人类社会范围内的善就表现为一种幸福的实现活动。

理想的秩序可以根据"既定的环境"进行调整，形式必须存在于经验世界的环境当中。偏离了当时环境给予的限制条件，这就只是无意义的"乌托邦"而已。⑤ 也许人们会想象构建出一个最好情境下最好的

---

① 陶涛. 亚里士多德论功能、幸福与美德［J］. 伦理学研究，2013（06）：46-49.
② 亚里士多德. 政治学［M］. 吴寿彭，译. 北京：商务印书馆，2010：7.
③ 陶涛. 亚里士多德论功能、幸福与美德［J］. 伦理学研究，2013（06）：46-49.
④ 亚里士多德. 政治学［M］. 吴寿彭，译. 北京：商务印书馆，2010：389.
⑤ KRAMNICK I. Essays In the History of Political Thought［C］. Englewood Cliffs：Prentice-Hall，1969：79.

城邦，但这样的情境也必须是真实的人类所生活的环境。从"功能论证"的角度来看，城邦的存在本身就是一种自然。亚里士多德在其论证的部分将个体善与城邦善限定在了具体的人类实践活动当中，这种论证所包含的概念和研究思路又进一步地延伸到政治学中，因此"功能与基于功能的自然为他论证城邦与个体之间的关系奠定了基础"①。

二、法治与善治

法治是善治的核心。根据法国学者的解读，"善治"四大要素中首先便是"公民安全得到保障，法律得到尊重，特别是一切都须通过法治来实现"②。良法是善治的前提，善治本身是规则之治，善治的具体实现需要贯彻实施良法。法治的善是具体的、客观的且可预期的，是将善治的善具体化的呈现。"我们论述善治时，必然将善治与法治联系在一起，善治是法治的政治话语，法治是善治规范性和制度化的表现。"③

亚里士多德较早提出"法治"这一概念。他将法治概括为两重含义：普遍守法和良法之治。"在'善治'前面加上'良法'两个字，实际上与亚里士多德所说的法治有很大的相通性。"④ 良法是实行法治的前提条件与必备要素，是符合正义与善德的法律。根据亚里士多德关于良法的判定标准，从法律制定的目的上来看，良法应该是那些为谋求全邦共同福祉的人而制定的法律。政治学上的善就是"正义"，正义以公

---

① 陈玮. 在个体善和城邦善之间：亚里士多德论伦理学和政治学 [J]. 浙江社会科学，2016（07）：46-53，156.

② 玛丽-克劳德·斯莫茨，肖孝毛. 治理在国际关系中的正确运用 [J]. 国际社会科学（中文版），1999（01）：81-89.

③ 李龙，郑华. 善治新论 [J]. 河北法学，2016，34（11）：2-11.

④ 周安平. 善治与法治关系的辨析：对当下认识误区的厘清 [J]. 法商研究，2015，32（04）：73-80.

共利益为归依，而法律的实际意义在于"促成全邦人民都能进于正义与善德的（永久）制度"①。

在亚里士多德看来，"最好的生活方式会和最好的律法结合在一起"，自然法能够治理包含着所有我们可能知道的城邦制度的政治类别。

首先，轮番为治是公民的权利。政治正义涉及一种个人轮流参与行使立法权与审判权的政治实践。"名位应该轮番，同等的人交互做统治者也做被统治者，这才合乎正义。可是这样的结论就是主张以法律为治了，建立轮番制度就是法律。"②亚里士多德在政治化治理中引入了轮番为政的机制，这种轮番为政的实践为的是养成一种遵循普遍规范的品质或者说是行为习惯。在亚里士多德所生活的古希腊城邦中，相对平等的公民个体自然而然地进行着这类实践，对他而言这是一种能够获得某种积极的、政治化共同体的手段。"政治的公正或不公正如我们看到的是依据法律而说的，是存在于其相互关系可以由法律来调节的，即有平等的机会去治理或受治理的人们之间的"③，因此只有那些"自然地服从法律"的人才能够加入政治正义的实践当中。自然法对他而言代表着所有普遍规范和准则，它们借由共同体得以发展并成为衡量成员间共同责任与义务的标准，而当治理者尊重并运用源起于风俗习惯的、传统的以及宗教的规范与实践时，他们的政治威信才会得到增强。

其次，守法是公民的义务。守法的品质是法治的典型要素，亚里士多德在《尼各马可伦理学》卷五提到，与正义德性有关的品质是那些适合于政治共同体中的正义而不是适合于正义本身。同样的，合法性的

---

① 亚里士多德. 政治学［M］. 吴寿彭，译. 北京：商务印书馆，2010：142.
② 亚里士多德. 政治学［M］. 吴寿彭，译. 北京：商务印书馆，2010：171.
③ 亚里士多德. 尼各马可伦理学［M］. 廖申白，译. 北京：商务印书馆，2003：148.

品质也只可能实施于共同体当中，并且法律有必要对由知识积累所带来的实践理性和社会改革进行约束。

遵守正义比获得正义更难。人类并非天生就拥有道德的品质，此外如果人类需要形成并发展这些品质，就需要某种在强加的约束之外的东西，他们需要一类特别的约束。这种约束可被同化为一种意向（品质——倾向）形式的习惯，对亚里士多德而言法律就提供了这样一类约束。因为你不能指望所有的公民都产生并追求一种促进共同善的品质，如果公民和公职人员不再去遵守普遍规范，遵循某些正义的标准比起完全不遵守要好得多。

亚里士多德对法治的推崇只是认为当公民以遵守普遍规范作为手段并进行自我管理从而形成一种行为习惯时，政治共同体的发展才会处于最好的状态。与其说亚里士多德所倡导的法治是一种道德理想或是一种合理合法的制度标准，不如说是一种常态，它在一般情况下为一种得体的政治生活指示了重要且必要的大致方向。① 对亚里士多德来说，法治呈现的是一种道德上的倾向，倾向于去服从并应用普遍规范。他的确建议我们尝试在公民当中去提升这样一种倾向，这会使得改变或忽视存在已久的普遍规范变得痛苦且不安。因此可以说道德上的倾向而非政治的制度定义了亚里士多德式的法治。

此外，遵守普遍规范、尊重法律的实践符合人类功能性的自然属性。对亚里士多德来说，贸易的交换和政府职务的轮换，包括后来政治共同体的交替，都带有某种"互惠原则"的基础②，或者可以说是出于

① YACK B. The Problems of a Political Animal：Community，Justice，and Conflict in Aristo-telian Political Thought ［M］. Berkeley：University of California Press，1993：196.
② 亚里士多德. 尼各马可伦理学 ［M］. 廖申白，译. 北京：商务印书馆，2003：139；亚里士多德. 政治学 ［M］. 吴寿彭，译. 北京：商务印书馆，2010：46.

某种共同目的。在贸易交换的论述中，亚里士多德提出，互惠的观念由于在共同体交替中传统贸易与货币的存在而得以维系，这也确保了我们能够在未来对物品的售卖中获得等量的利益。对亚里士多德而言，尊重法律也是一种保障，就像货币提供给我们"未来交易的保证"一样。①在未来我们会回报以善、以官职，而现在我们需要让出我们与之相对等的东西。没有这样的保障，官职的轮换将会同没有货币的经济利益的交换一样困难。通过这样的方式，法律以一种传统的方式让我们意识到自己的政治属性，这也就解释了为什么亚里士多德坚持认为只有"那些自然地遵守法律"的人们才能够实践政治正义并形成政治共同体。

三、善治的合法性要求

实践智慧最初来自文化智慧以及传统实践德性的传承，祖先将对于善生活的智慧凝结成不成文的规范，为其子孙在此基础上共享优良的生活。古希腊人以 nomos 统称法律，在法律与风俗习惯尚未分化的时期，代表着共同体伦理观念的不成文法展现出不同的形态：风俗习惯、传统认知、伦理规范、成文法律以及各类章程和契约协定。亚里士多德主张不成文法优于成文法，因为不成文法或自然法依靠（广义）正义来维持，而成文法靠强制来维持②，且相比于成文法，不成文法对人的性格行为的影响更持久。如果说，特殊正义是公民与公民之间的正义，那么普遍正义则体现在城邦与公民之间，体现在风俗习惯、成文法规以及政府的规章制度当中，为的是实现公民与城邦的"善治"。

国内对善治的合法性分析有两种理解。第一种，善治的合法性源于

---

① 亚里士多德. 尼各马可伦理学 [M]. 廖申白，译. 北京：商务印书馆，2003：145.
② 苗力田. 亚里士多德全集：第 9 卷 [M]. 北京：中国人民大学出版社，1997：399.

"善治"本身。这个合法性并非法学上的合法性（legality），而是政治学上的合法性（legitimacy）即正当性。一方面在政治意义上，正当性体现在民主政治所提供的程序的合法性上。"法律是人民意志的集中体现，其根本功能是保障人民的主体地位，国家的法律必须最大限度地体现和反映民意，这个民意就是国家法治体系的合法性基础。"① 通过增强公民的共识与政治认同感，最大限度地协调共同体成员间以及公民与社会间的利益冲突，能够获得更多的合法性。合法性越大，善治的程度就越高。另一方面在行政意义上，"善治最直接的要求就是提高政府的效率。就某种意义上说，善治概念就意味着效率"② 。正当性要求政府履行职责，做到对人民的要求迅速做出反应，提高决策过程的透明度，通过良好的业绩来达到人民的合理期望值。第二种，善治的合法性来源于法治，这主要是承袭了亚里士多德的法治传统。一个秩序良好的现代社会应该是一个法治社会，在法治社会中人们必须服从法律。公民有积极参与立法的权力，也按照自己的意志，服从自己制定的法律。

亚里士多德的普遍正义倡导一种自由与秩序的有机结合。如亚里士多德所理解的，法治表现为一种"授予权力的约束力"而不仅仅是一道对政治权力进行约束的阻碍。"这种授权的约束是一种对我们行为自由的限制，目的是能够使我们从事于一系列全新的活动，否则我们将无法获得这些。通过对不同的活动进行限制管理，'授权的约束'使我们自由地从事一系列特定的行为活动，比方说，掌握某些口头的和书面语言的规则。早期的训练和习惯使得我们对彼此说话的轻重缓急进行了严格的语言上的规范限制，通过这种严控声响表达的方式，我们能够拓展

---

① 俞可平. 法治与善治 [J]. 西南政法大学学报，2016，18（02）：6-8.
② 姚大志. 善治与合法性 [J]. 中国人民大学学报，2015，29（01）：46-55.

交流的范围以及精准度。"①

　　与之类似，遵守共同的普遍规范的品质会严格地限制我们运用权力的方式。那些拥有这一品质的人们会放弃许多机会去掌控他们自己的生命，或是改变他们的习惯。如果亚里士多德是正确的，那么只有按照这样的方式去约束他们，他们才能够完全行使政治权力。行使政治权力的自由从这种角度来讲，同对权力的行使进行制约是紧密相关的。法治和公民权利是相互补充的，而不是相互排斥的。这个看似矛盾的结合出现在同一个共同体中，这是最具有价值的。有学者将法治视为"终极裁决的标准来对抗政治行为（活动）合理性的标准"②。如果我们像亚里士多德一样将法治作为合法性行为的一种道德品质，那么显然两者便可以在许多重要方面进行合作。亚里士多德所理解的法治也能够帮助我们解释为什么在政治共同体成员中会同时产生法治和公民权利。

　　亚里士多德所理解的法治，将公民权利与法治之间的矛盾冲突转变成一种在得体且相对稳定的政治共同体生活当中不可避免的创造性张力。按照他的理解，我们需要一种与普遍规范的关联，为的是建立并维系政治共同体的发展与稳定。但这种关联同时也严格地制约着我们在由其所创造的共同体中的行为方式，这一问题给政治生活带来了相当多的不安。"可尽管如此，亚里士多德的分析还是坚持我们应该试图去增强我们承受这种张力与不安的能力，而不是徒劳地、弄巧成拙地去消解它。"③

---

① YACK B. The Problems of a Political Animal：Community, Justice, and Conflict in Aristotelian Political Thought ［M］. Berkeley：University of California Press, 1993：205-206.

② YACK B. The Problems of a Political Animal：Community, Justice, and Conflict in Aristotelian Political Thought ［M］. Berkeley：University of California Press, 1993：207.

③ YACK B. The Problems of a Political Animal：Community, Justice, and Conflict in Aristotelian Political Thought ［M］. Berkeley：University of California Press, 1993：208.

第四章

亚里士多德正义理论与社会伦理治理理论

从苏格拉底、柏拉图、亚里士多德到罗尔斯，"正义"始终是西方伦理学和政治哲学的价值主题。在中国社会主义现代化治理进程中，"正义"不仅是社会主义核心价值观的重要内容，同样也是个体伦理与国家治理的核心目标。亚里士多德的正义理论借助实践智慧这一手段来培育德性素养，实现"善治"目标。围绕着个体修养与社会治理两个维度，通过对亚里士多德正义理论进行理论研究，重塑其理论的内在逻辑体系，分析其正义理论的当代价值，能够为现代社会伦理治理理论与实践提供多角度的参考依据。

理论上，构建社会伦理治理的培育体系离不开对西方正义理论的借鉴与中国传统"善治"理念的现代转化。从西方伦理与政治理论的发展来看，近现代以来西方道德实践活动中工具理性的日渐强化以及道德目的性的缺失，是当代西方正义理论出现"回归亚里士多德"现象的原因。亚里士多德的正义理论在当代西方政治哲学复兴运动中的表现为一是借鉴实证科学展开对亚里士多德理论的自然主义解读，二是在德性伦理领域中从个人——社会视角展开对传统德性伦理核心价值的追寻。从以儒家为代表的中国传统伦理思想的现代转化来看，通过逻辑分析与直观体悟两种认知模式的比较视角，抑或能在中国传统"善治"哲学理论中探寻正义理论的培育价值。同时，通过对基于实践智慧的正义理论的合理借鉴，能够指出其有助于深入继承和弘扬社会主义核心价值观。

第一节 亚里士多德主义在当代西方伦理和政治理论中的复归

从西方伦理政治哲学的发展来看，针对亚里士多德正义理论的关于技艺与德性的自然主义比较中，我们可以反思人类本性与目标的正确性。在德性伦理的理论演变中，我们可以倡导一种将德性放在首位的幸福生活状态。社会正义与个体幸福、个体德性存在着某种基础性关联，这正是现代西方伦理与政治学家得以着眼社会现实对亚里士多德正义理论进行重新解读的一个前提。从中国传统思想发展来看，亚里士多德与中国传统文化思想的正义思想异中有同。逻辑分析的推演过程是典型的西方传统思维模式，亚里上多德的实践智慧运用的是"成物"的手段与方法，而中国传统哲学的实践智慧更注重"成己"的直观体悟，中国传统的"善治"理念更强调内化于心的向善品德。不过，亚里士多德与中国传统哲学对善与德性的追求则是相通的，两者都认同德性需要通过实践来获得，按照德性进行的实践活动是为了获得向善的品德与美好的生活，同时以"中道"和"中庸"理论强调非理性因素对实践行为的重要影响。从中国特色社会主义的理论发展来看，社会主义核心价值观也存在着个体道德和国家正义的不同层次的内容和要求，因此，基于实践智慧的亚里士多德的正义理论也可能在伦理和政治层面推动社会主义核心价值观的践行。

一、亚里士多德伦理思想的当代自然主义解读

西方伦理思想本就存在着基于自然观的自然主义解读，因此亚里士多德伦理学中也存在着自然主义解读意涵。早在前苏格拉底的古希腊哲学时期，就存在着将对自然存在的思索植入社会伦理与政治等问题的传统，这种研究"用关于自然哲学方面的观念来理解人类的社会问题，主张社会存在的'自然'的本性问题也应当符合自然存在的'自然'的本性问题"①。这种传统在柏拉图哲学中也得以呈现并直接影响了亚里士多德。另一方面，亚里士多德也受到苏格拉底的影响，力图使社会道德与政治问题摆脱自然哲学。由此，这两种做法同时呈现于亚里士多德的思想之中，也正基于此，我们也不难理解当代伦理何以出现对亚里士多德思想的自然主义解释。

例如，在当代伦理学中存在着基于认知科学等现代科学研究对亚里士多德伦理学的自然主义解释。自然主义的伦理学家将理性选择、熟练技能等认知科学领域成果引入到德性伦理的研究中，从而导向了一种关于实践智慧的德性伦理学的自然主义研究进路。这种自然主义的伦理思想，延续了亚里士多德技艺与德性及其实践智慧相关的思想，试图为德性之实践智慧提供一种更为实证的说明。

在这些新自然主义解释者看来，技艺是一种流畅且适当的行为状态，而基于实践智慧的德性也被视为一种不偏不倚的、基于恰当选择的行为状态，因此，技艺行为与德性行为都可以被称为一种道德主体（agent）导向道德行动（action）的优化实践状态。"'德性即技艺'的

---

① 李鹏，白琦瑞. 善与正义：柏拉图的自然主义社会思想［J］. 贵州社会科学，2012（10）：9-14.

主张提供了一种切实可行的道德认识论研究，即是将道德认识论问题还原为对技能诊断和问题求解在认识上的分析。"① 例如，杰森·斯沃特伍德从心理学的视角提出，基于自然主义的决策活动的研究表明，在复杂选择与挑战性表现领域中，专家技能行为中包含直觉（intuition）、慎思（deliberation）、元认知（meta-cognition）、自我调节（self-regulation）、自我修养培养（self-cultivation）等构成要素②，而这五种要素同样体现在德性之实践智慧中。斯沃特伍德认为，技艺与德性在范畴上的差异本身并不意味着二者在认知层面上有本质的区别，德性之实践智慧可以视为一种具有更宽泛领域的技艺。

认知科学家德雷福斯（Hubert L. Dreyfus）则通过开车技能的学习描述了熟练技能行为（技艺行为的实践智慧）。德雷福斯将成人通过指导获得熟练开车技能的一般过程分为五个阶段③，即新手（novice）、提高（advanced beginner）、攻坚（competence）、熟练（proficiency）、专家（expertise）。在新手阶段，新手要努力记住老师讲述的开车技能规则。在提高阶段，新手由此获得了初步的情境体验。在攻坚阶段，学习者开始尝试概括并运用一些适用于自己的特殊规则。在熟练阶段，学习者开始能够熟练应付各种具体处境，并且逐渐减少了对于技能规则的依赖。在专家阶段，学习者具备了精细分辨具体情境的能力，此时尽管这些具体情境可以规则化，但是成长为专家的学习者已经不需要依赖这些规则，而是可以通过各种具体策略来应对各种情境，他们无须判断就能

---

① BLOOMFIELD P. Virtue Epistemology and the Epistemology of Virtue ［J］. Philos Phenomenol Res，2000，60（1）：23-43.
② SWARTWOOD J. Wisdom as an Expert Skill ［J］. Ethical Theory Moral Prac，2013，16：511-528.
③ DREYFUS H. Intelligence Without Representation-Merleau-Ponty's Critique of Mental Representation：The Relevance of Phenomenology to Scientific Explanation ［J］. Phenomenology and the Cognitive Sciences，2002，1：367-383.

够针对具体情境做出一种当下最恰当的直觉回应。① 如果技艺与德性之间存在着这种等同关系，那么在自然主义的解释者看来，基于专家技能模型的实践智慧就可能得到接受。具体来说，第一，在复杂选择和具有挑战性能的领域中，对如何表达自身行为的理解大致上涉及五种技艺：直觉的、慎重的、元认知的、自我调节的以及自我修养的技艺；第二，实践智慧体现的是一种在复杂选择与具有挑战性能的范畴中对如何表达自身行为的理解；第三，专家决策的技艺是五项技艺：直觉的、审慎的、元认知的、自我调节的以及自我修养的技艺的集合；第四，实践智慧也很有可能由这五项技艺的集合来组成；第五，智慧是一种专家式熟练决策的技艺。② 总之，基于上述专家技能模型的理解，德性实践活动的智慧可以理解为一种专家式熟练决策的技艺。

立足当代认知科学等自然科学成果来讨论亚里士多德实践智慧的古典主义立场，能够使得实践智慧概念的当代解读更加清晰和实证。由此来看，对亚里士多德实践智慧的自然主义阐释主要体现在以下几方面：第一，德性行为的实践智慧也可能包含着技艺活动的认知能力。"亚里士多德的选择概念预设着一种目的的观念，它指的是在追求着某种善的各种能力中伴有技艺上的正确性的那种能力，而这种能力使一个人在所面临的危险中做出正确的行为。"③ 也就是说，一名道德高尚的医生需要具备高超的技艺，这种高超的技艺不仅能够保证医生实现技术性的

① 孟伟. 德雷福斯的"无表征智能"及其挑战 [J]. 自然辩证法研究，2012，28 (06)：36-40.

② DREYFUS H. Intelligence Without Representation – Merleau – Ponty's Critique of Mental Representation: The Relevance of Phenomenology to Scientific Explanation [J]. Phenomenology and the Cognitive Sciences, 2002, 1: 367-383.

③ 亚里士多德. 尼各马可伦理学：译注者序 [M]. 廖申白，译. 北京：商务印书馆，2003，xxix.

善，而且可以实现一种普遍意义上的总体观念的善。第二，尽管技艺与德性中的实践智慧可能不同，但是这并不能否定技艺行为也存在着一个整体性的目的性，如医生的技术性行为不仅治愈疾病，也可能同时包含着病人身心双重健康的整体性目标。由此，技艺活动的实践智慧不仅需要一种对特定目的的洞察力，而且可能需要一种将多种目标整体关联的"适度"理性选择。正如麦克·汤普森（Michael Thompson）所说，我们抓住某一特定的人类行为活动，可能意味着我们在运用一种关于人类生活方式的总体观念。① 简单说，技艺行为需要更高道德目标的约束，德性行为也需要结合技艺行为的认知能力和理性选择。作为一名医生，他不仅要让病人重获健康，而且还应在治愈疾病的过程中考虑到降低病人心灵创伤等更高的道德目标。"任何实践智慧的行为者必须优先考虑关于人类的普遍事实，这些事实构成了所谓的好的实践反思，并不是因为人类本性是内在地规范化，而是因为这是理解我们自身的必然背景的一部分。"②

总之，技艺行为的实践智慧在功能上可能使得在反思人类自然本性和其对自身生活的适应性上变得正确，同时，技艺行为的实践智慧也应当遵从着某种基于"人类生活"的更高的整体规范标准。基于亚里士多德及对其现代反思的深度研究可能表明，技艺行为和德性行为的实践智慧不应当被人为割裂，或许更合理的是两者应当在现实中有效整合起来。

---

①　O'Hear A. Modern Moral Philosophy ［C］. Cambridge：Cambridge University Press，2004：47-74.

②　HACKER-WRIGHT J. Skill，Practical Wisdom，and Ethical Naturalism ［J］. Ethic Theory Moral Prac，2015（18）：990-991.

二、亚里士多德正义思想的当代德性伦理学解读

随着安斯康姆（G. E. M. Anscombe）《现代道德哲学》一文的发表，德性伦理学重新回到了伦理学主流研究当中，而自启蒙时期就被忽略的品格和德性等亚里士多德式概念成为学者们研究的核心概念。此外，对德性伦理做亚里士多德式阐述的新亚里士多德主义者将目的善同实践智慧和道德德性相结合。学者们认为通过强调人类的本性能够修复人类生活的好的目的来为实践理性的自然目的论辩护，并倡导将正义、友善、正直等道德德性同对人类本性的理解联系起来。"行为的道德合理性或组织构成服务于人类繁盛目的的合理性并将通过一系列道德观念呈现出来。更确切地说，这样的合理性是实践智慧的构成要素。这些要素关注的是德性的个体，使其能够在正确的道德观念指引下，理解行为的表达方式并给予支持或是对社会制度表示认可。"① 实际上，不同的生命形式会以不同的实质方式、不同的实质概念进行相互关联去理解"友善""忠诚"或"正义"，社会正义与德性概念关联的目的终究是将幸福的概念引入到人类的实践生命活动当中。

罗尔斯的正义思想被视为开启了当代政治哲学的复兴。在古希腊时期，梭伦从应得的角度认为正义在于给予每个人其所应得，亚里士多德则从"正义在于应得"思想中引申出自己的分配正义理论。就特殊正义而言，公正与平等代表着制度的正义，强调的是社会分配的公正与平等，亚里士多德认为按照应得的原则对权利、义务、财产、荣誉等进行等比例或等量的分配才符合正义。如果说亚里士多德的正义理论是一种

---

① HOPE S. Neo-Aristotelian Social Justice: An Unanswered Question [J]. Res Publica, 2013 (19): 167.

价值论的论证，那么罗尔斯的正义论则基于一种契约论证。基于互惠互利的原则，罗尔斯的正义理论建立在"政治正义"之上，并形成了自由社会中理性公民的合作基础。"正义观的特定作用在于制定基本的权利和义务，决定恰当的分配份额。而这种作用方式必然影响到效率、合作和稳定的问题。"① 在罗尔斯看来，正义的制度除了使每个社会成员都获得自由的权利之外，还要满足两个条件：一是尽可能地减轻社会环境的偶然性对个人命运的影响，二是必须将正义与善统一起来。前者体现在罗尔斯的"无知之幕"原则当中，后者则体现在罗尔斯的"公平之正义"原则当中。

　　总体地说，罗尔斯基于公平的正义观念阐发的理论是一种基于社会契约的在自由主义框架内的正义概念综合。"它的价值在于，它将社会主义的实质平等观念的某些要素纳入了借助公平的社会合作体系观念来说明的自由的正义概念中。"② 从罗尔斯的正义理论我们可以看出，第一，公平正义理论将分配问题放在第一位。正义与否的依据并不在于每个成员贡献的多少，而在于获得每一位共同体成员的同意。人的平等与自由应是分配的第一原则，平等地分配权利与义务，获得一致同意的分配原则才是公平的，"只有把接受分配的公民全部看作自由和平等的，才能基本保证分配的合理性"③。第二，公平正义讲求权利（正当）优先于善。正义原则在现实的政治生活中要考虑到不损害每个人的利益，个人的自由权利在社会的共同利益之上，但同时个人的自由选择只有在

---

① 约翰·罗尔斯. 正义论［M］. 何包钢，何怀宏，廖申白，译. 北京：京华出版社，2000：21.
② 廖申白. 论西方主流正义概念发展中的嬗变与综合：下［J］. 伦理学研究，2003（01）：69-74.
③ 杜海涛. 从亚里士多德对人的两种规定来看其正义思想［D］. 兰州：西北师范大学，2015.

公正的社会环境中才能实现。罗尔斯将正义看作是社会制度的首要德性，作为一种形式化的社会实践，公平正义是最为基础也是最为合理的原则，更重要的是保护公民的基本自由和对资源的公正分配。就这一点来看，罗尔斯所述的正义是强调公正平等的分配正义，体现为义务论的规范伦理。人的自主性在于人具有自由选择的能力，公平的正义原则把"自愿"视为一个必要条件，其基本理论旨在捍卫每个社会成员不受干涉的基本公民自由，并将这种自由权利视为这样一种应得的权利。一个人作为该政治共同体中的成员自出生便拥有与他人同样的平等，应得的权利是一个政治共同体所创造，并由这个共同体合理地加以限定，在这种界限之内他将不受政府或他人的干涉与侵犯[①]，而这种自由在亚里士多德看来等同于是消极意义上的守法的自由。除了将正义看作一种分配制度外，亚里士多德认为正义更重要的是一种品质，体现为积极意义上的自由。他倾向于将社会制度的首要价值归于促进共同利益的总体正义——合法性，并重视正义作为道德范畴的价值。

以罗尔斯为代表的新自由主义者明确地将正义同制度联系起来，学者们的讨论使正义概念的研究重点从对他人的善的关切转移到对制度以及保障个人权利的关切上。当共同体成员的特定需要和正当主张得不到充分的承认时，权利的优先就成了个人平等的保障。道德权利是人类与生俱来的天赋权利，权利的主体只能是个体。而为了获得免受制约的自由，个人除了承担法律的义务之外，不再承认任何其他义务，这种权利是消极的权利，其否定了德性的存在和意义。由此，在公共生活中，这种权利优先造成了"社会分裂、僵局和扭曲的优先权，基于权利，不计算成本、促成调和，或不太考虑期待的目的或得失攸关的其

---

① 廖申白. 论西方主流正义概念发展中的嬗变与综合：下 [J]. 伦理学研究，2003（01）：69-74.

他价值"①。

罗尔斯主义的权利正义观受到了以麦金泰尔为代表的社群主义的批判。麦金泰尔认为，善必须优先于权利，根本就不存在那种普遍的、先验的又与生俱来的个人权利，权利是由法律规定的一种人与人之间的社会关系，为的是保护个人的正当利益。权利源于社会，是在调节血缘关系、资源分配等规则中产生的。但同时，尊重并保护处在社群关系下的有限的个人权利是社会秩序稳定的基础。正义是一种规范人与人相互关系的基本社会准则，但它首要的应该是个人的德性。社群主义者强调作为道德原则的正义行为与德性本身的目的善是紧密关联的。麦金泰尔追寻美德（德性）而非道德的原因在于，他认为道德本义确实包含着行为规范与实践的含义，但它的基础应该是人的德性或品格。对于个人而言，只有拥有了德性，才能够更好地运用道德法则，因此善或德性应当优先于权利。

社群主义者所理解的亚里士多德式德性观包括以下三层含义：德性是实现内在善的唯一方式；德性是实践的产物，且只有通过实践才能获得；德性需要根植于个人的社会生活，它不是个人的单独行动，而是指代个人的生活整体。"德性将不仅是维持实践，使我们获得实践的内在利益，而且也将使我们能够克服我们所遭遇的伤害、危险、诱惑和涣散，从而在对相关类型的善的追求中支撑我们，并且还将以不断增长的自我认识和对善的认识充实我们。"② 社群主义者所论述的正义包含着德性与规则两层含义，遵守规则的正义不一定成为正义之人，只有具备德性正义，同时又自觉遵守正义规则，这样的人才能够成为真正的正义

---

① 菲利普·塞尔兹尼克．社群主义的说服力［M］．李清伟，译．上海：上海世纪出版集团，2009：68-69.
② 麦金泰尔．德性之后［M］．龚群，译．北京：中国社会科学出版社，1995：277.

之人。

善、德性和共同体是有机统一的。社群主义者强调，共同体成员的特定需要和正当主张必须在追求共同的善的前提下。如果离开了社会关系或社会规范，个人的正当利益也就得不到保护甚至会受到他人的干涉，那么成员所追求的特定需要也会变得不正当。公民的德性必须与共同体联结在一起，德性是共同体成员在社会实践中获得的，因此德性与城邦有着密不可分的关系。在社群主义者看来，是共同体给予了获得德性、获得共同的善的资格。共同体把拥有同血缘、同地缘、同信仰的人们聚到一起，进而形成了历史性、社会性的共同体，同时给予其成员资格，塑造共享的德性观和美好生活。只有特定的社群具备了共同的善，才会给予个人获得内在善与外在善的权利。

亚里士多德的正义理论以实践智慧作为个人层面的理论基础，并在社会层面指向人类幸福生活的"善治"。他在强调正义是个人的德性与理性慎思之外，更加突出正义在实现共同善中所起到的作用，实现共同体的共同利益或福祉是最完满的正义。而正义理论在当代的回归主要表现在新亚里士多德主义的社会正义思想当中。

一方面，新亚里士多德主义者认为社会正义与幸福之间存在着某种基础性关联。亚里士多德的理性反思源于对正义与幸福的追求，公正的社会提升的是人类的善，好的社会由正义制定了社会的德性和个人的优良品质，而正义的法律构成了个体与组织的权力。良好治理的社会致力于促进个人的繁盛，西蒙·赫普认为社会的"好的功能"在于将社会正义构想成至善论①，而亚里士多德式的理性模式正是幸福概念的基础。努斯鲍姆对如何构成善的人类生活是这样论述的：所有的社会成员

---

① HOPE S. Neo-Aristotelian Social Justice: An Unanswered Question [J]. Res Publica, 2013 (19): 159.

有平等的权利去获得正义，这对获得善的生活具有很大的帮助。"个人繁盛的要素是塑造善的人类生活的主要活动（或是功能），其中实践理性（实施个人生活计划）的组织化功能以及友好关系（与他人多样化的社会纽带）形成了所谓'真正的人类生活'的核心。"① 所有的人类生活都拥有一定程度的尊严与价值，而这些具体体现在所有人都应有的正义权利的基础性体系当中。

另一方面，正义理论在实践应用中的不确定性表明，社会正义与个体德性间同样存在着某种基础性关联。依据实践的判断对普遍规范在具体应用中进行提炼，这需要德性主体具有一定的敏感性与洞察力。大卫·威金斯（David Wiggins）认为，实践智慧与善是伦理德性的保障，并由其塑造、决定和生成正义的各要素，从而将正义理论应用于各种情境设置当中。② 由于德性主体对具体情况的判断各不相同，威金斯引用《尼各马可伦理学》关于公道的阐述来论证如何使得修订的规范体系同不成文的实践行为的本质属性相一致。他认为，多样性多元化的社会行为无法为所有已发生的和不可预测的情境制定明确的行为细化准则，但普遍的规则却能在每一个正确的、合理的或者出于某种意图的情境中得到体现。结果便是，社会正义的标准无法完全体现在规范当中，而对实践智慧行为者的具体认知的描述却是必要的。

正确的德性要以健全的法律为基础。新亚里士多德主义者认为，如果我们关注幸福是什么，像德性主体真切表达的那样，就应该关注制度体系是否支持或是阻碍了对幸福的追求，而这也为我们对制度体系的正义评价提供了评估标准。因为幸福是社会成员运用正确的理性的最终目标，那么关于"什么是运转得好的社会"的合理化慎思就会从现实存

---

① NUSSBAUM M. Frontiers of Justice [M]. Cambridge：Belknap Press，2006：162.
② WIGGINS D. Neo-Aristotelian Reflections on Justice [J]. Mind，2004，113（45）：481.

在的幸福概念中找到社会运转得好的标准①。"幸福是运用正确的理性的最终目的。"这一论述也为实践理性的目的论视角提供了理论支持，而只有实践理性的目的论视角才能够在人类繁盛与对社会正义的问题反思中建立最基本的联系。

第二节　亚里士多德与儒家传统的"善治"理念比较

社会主义的"善治"目标不仅需要吸收西方传统的正义思想，而且需要实现中国传统正义思想的现代转化。因此，通过亚里士多德正义思想与以儒家为代表的中国传统思想的比较可以为现代中国的"善治"理念提供可资借鉴的理论视角。从古希腊开始，西方哲学家们便以理性的模式来分析世界的本原，用逻辑工具进行分析，进而形成一套哲学理论体系。他们对伦理正义的思考也来自自然科学研究的影响，从自然世界的思考确立起社会规范与道德伦理。以儒家为代表的中国伦理文化的思考重综合、重实践而轻分析、轻思辨。因此，可以在这种中西文化的大背景下，从实践智慧理念、个人德性修养以及社会治理等各方面来审视亚里士多德和中国传统的"善治"模式。

一、关于实践智慧的比较

西方哲学中对智慧的讨论可以追溯到古希腊哲学家苏格拉底和亚里士多德所处时期。亚里士多德关于智慧的概念主要涉及的是对日常事务

---

① HURSTHOUSE R. After Hume's Justice [J]. Proceedings of the Aristotelian Society, 1991, 91 (1)：242.

的处理，并且将智慧定义为对如何生活得好的沉思。而在中国传统哲学中，儒家传统的智慧以正直正心为基础，更为聚焦个人与社会行为，并且将智慧的实践本质作为智慧的核心要素。在中国的传统哲学中，不存在亚里士多德意义上的理论、实践与制作之分，因而也就不存在与理论智慧和技艺相区别的实践智慧，或者可以说"中国传统学术所推崇的智慧主要是实践智慧"①。一直以来，实践智慧始终是中国哲学的主体与核心，中国传统的实践智慧聚焦于具体的社会化组织活动以及对实践智慧的情感与认知方面错综复杂交织在一起的见解。

第一，从思维方式的比较视角来看。亚里士多德的实践智慧是在行为活动当中运用德性与理性，目的是实现人类的幸福。亚里士多德主张，理性的慎思作为对具体情境的正确考虑，通过适度的手段追求适度的目的，来协调与平衡具体情境中的实践应用。而中国传统的实践智慧呈现出整体思维或系统思维模式。在认知过程中，中国传统的实践智慧不仅以认知和知识结构为中心，同时更多地围绕着情感的经验展开，最终通过修身成己，达至个人内心的全面自我转化。例如，"格物致知"是中国传统文化中一种典型的思维模式，其本义在于通过使事物处于恰当的位置获得相关事物的本质与规律性知识。"格物"推动着事物进入到保持其内在本性的适当位置，理顺与周围事物之间关系的本质特征与规律，达到"致知"的目的。"'致知'的目的是穷'理'与知'道'，'道'和'理'都要揭示事物的本质和规律性，但都不是靠逻辑推理和论证，而是通过直观体验，通过领悟，这种思维活动的前提是对世界的整体性和相互联系的网络结构的认识。"② 中国传统哲学中对"知"的

---

① 徐长福. 我们为什么需要实践智慧：全球化进程中的中国教训 [C]. "实践智慧与全球化实践"国际学术研讨会论文集，中山大学实践哲学研究中心，2012：4-22.
② 王前，李贤中. "格物致知"新解 [J]. 文史哲，2014（06）：129-134，164.

理解大多同直观体悟相关。"格物致知"的过程就是人对事物性质的理解和判断的过程，一方面需要通过认识主体与外部环境的相互作用，以亲身感受和直觉体悟进行认识上的"贯通"；另一方面，这种直观体悟无须逻辑推理，也无法通过实验推导出最终结果，而是在实践活动的过程中产生，来对事物进行整体的把握以及各部分间关系的把握。

第二，从实践方式的比较视角来看。亚里士多德的实践智慧体现在行为方式上，指在恰当的时机做出行动的决断，强调的是"成物"。而中国传统的实践智慧体现在生活方式上，强调"知行合一"的人生实践，重在"成人""成己"。中国传统实践智慧的实用主义特征体现在实践智慧受到家庭与宗亲的重视并传承下来，在经验实践当中形成有用的、结构性的知识体系。① 例如，儒家哲学思想强调实践智慧必须通过实践的行动转化来获得"知行合一"。儒家哲学注重自我的人生实践与活动，强调向内的功夫。《中庸》里所提到的"博学、慎思、明辨、笃行"便是关于自我内心的考察反省，是将生命体验与道德实践相结合的"知行合一"。"《大学》以'止于至善'为目的，即是确立实践活动的根本目的是至善（如亚里士多德之最高善），确立了儒家实践智慧的求善特性，而求善的具体修养功夫有慎独、正心、诚意、致知、格物。"② 明代儒学家王阳明提出"致良知"，将内心的道德意识推广扩充到客观事务的方方面面，强调主体内在的道德判断力与主体自觉，是对"知行合一"的深入理解和全新阐释。

---

① TAKAHASHI M, OVERTON W F. Wisdom: A Culturally Inclusive Developmental Perspective [J]. International Journal of Behavioral Development, 2002, 26（3）: 269-277.

② 陈来. 论儒家的实践智慧 [N]. 文汇报, 2016-09-30（W02）.

二、关于个人德性的比较

在个人德性方面，亚里士多德与儒家伦理思想的比较也是思考社会主义"善治"的重要维度。

第一，德性标准的"中道"与"中庸"之分。亚里士多德的"中道"强调相对于我们自身性质的中间状态，表达出客观的因人而异的适度选择。适度的意义就在于它是两种恶——过度与不及之间的选择，这个选定标准是以选取情感与实践中的那个适度为目的的。而由此所推导出"德性是相对于我们自身性质而言的适度"，这意味着德性需要依靠实践智慧在适当的情境下以正确的方式做出正确的行动。儒家传统的"中庸"思想以"尚中"作为逻辑起点，以"中"为评价标准。孔子常常劝诫人们要合乎中庸之道，"叩其两端而竭焉"（《论语·子罕》），找到问题的首尾两端刨根问底，才能完全认识问题、理解问题。就道德与行为修养的层面来说，"用其中"是其具体表现。孔子从"尚中"的传统观念进一步提出"时中"。"君子之中庸也，君子而时中"（《礼记·中庸》），君子常守中道表现为君子随时随地恪守中道，不偏不倚，无过无不及。因"时"而得其"中"，"时"是变化的，所谓"变通者，趣时者也"（《易经·系辞下》），改变会通，变化日新。"时"是孔子所提倡的一个重要思想，孟子将孔子称为"圣之时者"（《孟子·万章下》），也是在强调适应时势发展的重要性。在孔子看来，这个"变"即是"礼"，拿着过激与不足两方面的意见加以折中。约束自己，使言谈举止符合于"礼"，"择乎中庸，得一善"（《礼记·中庸》）。因此，孔子所倡导的"中庸"以"礼"作为规范准则。"兼覆无私谓之公，反公为私""方直不曲谓之正，反正为邪""据当不倾谓之平，反平为险"。① 这些对"中"的直观规则定义都是以事务的"中"为标准的，是亚里士多德所说的主观的适度。这也使得正义以绝对的"礼义"作为其评判依据，远离了与行为者自身相关的"中"。

第二，德性培养的习惯熏陶与学识体悟之分。人类是在实践活动中得以塑造人的德性。亚里士多德重视对德性的获得，他强调实践活动的内在的善也是实践者内在品质的善。成就德性就是德性的实践活动，好的行为在于与他人的交往，其最终目的是获得幸福的生活。在中国传统哲学中，经验生活之中的自然之法只有内化于人自身，才能成为人所固有的一种内在的德性，"格物致知"既是求知的方法，也是修养的方法。在这个意义上，儒家传统与亚里士多德对德性的理解有着相通之处，"'成仁''敏于行'等观点都在说明德性具有一种实践精神"②。不同的是，亚里士多德强调个人的实践生活源于对德性的追求，而中国传统的个人实践生活源于对学识的体悟。孔子十分重视"好学"的实践。"好学近乎知"（《礼记·中庸》），喜欢学习接近于智慧。③"好学不仅是一种优秀的能力和特长，也是一种心智的取向，而这种能力和取向指向于知识的学习过程与教育过程，指向明智的能力。"④ 他认为"学"体现的是对获得知识性的理解和对人的生命活动获得践行的体悟与感受。"在'好学'的践行过程中，我们不断地去感受、体悟、理解，并以心灵的良性发展而获得快乐的状态。"⑤"好学"对伦理德性与

---

① 出自贾谊《新书·道术》。

② 李金鑫."道德能力"概念的知识谱系考察：从亚里士多德、黑格尔到罗尔斯 [J]. 伦理学研究，2011（01）：126-130.

③ 杨天宇. 十三经译注：礼记译注 [M]. 上海：上海古籍出版社，2004：702.

④ 陈来. 论儒家的实践智慧 [N]. 文汇报，2016-09-30（W02）.

⑤ 廖申白. 德性的"主体性"与"普遍性"：基于孔子和亚里士多德的观点的一种探讨 [J]. 中国人民大学学报，2011，25（06）：105-114.

理智德性的能力积累也呼应着亚里士多德的实践智慧，在孔子与亚里士多德那里，实践活动存在着另一层含义即对内在善的追求。人类需要依靠物质、情感来满足实践活动的需求，财富、权力、地位等外在的善需要依靠外部的力量才会获得，但理性的善的生活以及心灵的快乐是完满且不易失去的。因此，孔子与亚里士多德虽然在实践方法上强调着不同的方面，但对德性的完满和对心灵的充实的追求是存在着许多相似之处的，并且在肯定人的生命的实践活动这方面同样具有深刻的见解。

不偏不倚谓之中，不易不变谓之庸。儒家传统思想的"中庸"讲求要在行为活动中找寻平衡并持之以恒地坚持，平衡的适度固然重要，但情感、意志等非理性的心理状态也影响着实践行为的始终。而亚里士多德的"中道"思想十分重视对非理性因素的阐释，知、情、意三者统一的实践活动不能忽视经验、习惯、情感等非理性状态在活动整体过程中的作用。始终对非理性因素贯穿实践行为的强调也正是两者的相通之处。

三、关于社会伦理治理的比较

在中国"善治"的传统语义当中，"天下大治"即"善治"。"善治"之"治"既指代一种治理方式和模式，也代表着一种状态和结果。善治之"善"则具备两层含义，其一作为善于治理的工具意义，其二作为良好治理的价值意义。就价值性而言，所有的物种都按照自己的功能来生活，任何事物都要以善为目的，"繁盛"是所有生物与生俱来的能力。这一概念源于亚里士多德的"幸福"（endaimonia）一词，它构成了人类最完整的善，幸福意味着人按照德性进行理性的实践活动。每一个有生命的个体都有善，并按照这种善来生活，由此构成了"繁盛"。因此，我们的生活体现着"美好生活"的理念，基于此，所有的有机体都有能力过一种好的生活，从而达至"繁盛"。

亚里士多德的目的善包含着两个层面。就个人的善来讲，获得幸福就是实现"属人的善"。在亚里士多德看来，幸福是"灵魂合乎德性的实践活动"，它既是与理性相一致的活动，也是与德性相一致的。亚里士多德将幸福定义为好的生活和好的行为，为好生活谋划的善是内在的善，它只因自身之故而被选择。"幸福"在亚里士多德看来是一个积极的概念，它代表着对人来说一种尽善尽美的状态，而幸福的目的就在于获得人类积极健康完满的生活以及获得自我实现的潜能。就共同的善来讲，城邦的善是最高的共同善，这种善为的是实现共同体成员的共同利益，同时也依赖于具有德性的公民。人们以共同的目的规定了社会生活的实践方式，这样的方式决定着公众关于善的概念。马克思主张人是社会的、现实的，是一定物质社会关系中从事政治经济生产实践的个人，即是亚里士多德所提出的"人是政治动物"的概念，但不同的是在亚里士多德那里，将城邦与个人维系在一起的是友爱与正义，而非生产劳动。城邦的共同善以全体成员的共同利益为福祉，在那里，所有成员都参与到政治活动当中，获得公正的对待，同时相应地履行自己的义务。这是亚里士多德所描绘的城邦治理模式的"善治"，以共同体的伦理价值来引导人们进行一种具有德性的实践活动，真正实现自己的价值。

不同于亚里士多德将善同人类共同体的社会实践结合在一起，中国儒家传统的"善"理念更多地体现对自我修养和主体自觉的感悟，并且将改善社会现实作为理想目标，旨在通过复兴周礼重建"礼乐文明"的社会秩序。孔子在其仁学思想中主张"善"是一种自我的完善与完美。"仁"者爱人，只有人才能结成社会群体，才有求善的意识。通过仁与礼的范畴，孔子建立起的仁学思想体系以人的理性自觉为前提，强调人与社会的和谐统一。"性相近也，习相远也"（《论语·阳货》），人的性情本是相近的，因为习染不同而相距悬远。孔子体察到人与人之间的同一性（性相近），但他并没有具体说明，而后，由孟子将人性论进一步阐释。此外，孔子的仁学强调"天生德于予"和"为仁由己"，品德是天所赋予的，实践仁德全凭自己的言语行动，言语行动合于礼便是仁。这是一种具体行为的德性呈现，也是人格完满的高远境界。孟子将两者结合起来提出自己的性善论，认为人不同于动物，在于有人伦。"父子有亲，君臣有义，夫妇有别，长幼有序，朋友有信"（《孟子·滕文公上》），父子之间有骨肉之亲，君臣之间有礼义之道，夫妻之间挚爱而有男女之别，老少之间有尊卑之序，朋友之间有诚信之德。① 在孟子看来，仁义并非外部强加于人的，而是人的本性中所固有的，"这是内在于人的、为人的本质所固有的一种道德属性"②。

　　儒家传统将自然之天赋予意志与德性，天同人的内在善端相关联，而人的行为由人所固有的善端发显出来。在孟子那里，仁、义、礼、智、忠、信等道德意识被当作天赋的品质重视起来，是对道德之天的内化。孟子认为理性认识更为可靠，道德之天的至善性通过"思则得之"。反思至善之内在于我者，即我之固有的仁、义、礼、智，就是反思我的善性，这是人道的充分体现。通过"反身而诚"，孟子将外在的道德之天与自我的思维之心联系起来，将道德之天内化于人的心中，而这个心正是仁、义、礼、智的来源。儒家传统的"善"理念存在于人性之中，源于人心中固有的善端，因此只有尽心而知心，重视对心的修养，才能够获得人心固有的向善品德。"尽其心者，知其性也。知其性，则知天矣。"（《孟子·尽心上》）充分扩张善的本心就懂得了人性。保持人的本心，培养人的本性，由善端而知人性之善，才能进行判

① 杨伯峻. 孟子译注［M］. 北京：中华书局，1962：128.
② 张立文. 中国哲学史新编［M］. 北京：中国人民大学出版社，2007：59.

断并实践道德的行为。

中国古代"善治"传统以"治—善—道"① 构建起理论的基本框架。不同于西方的"善治"概念，中国传统文化中的"善治"追求的是良性治理，是在治国理政的基础上教化以民、导民向善。一方面，中国古代的"善治"传统以"礼法""良法"为"善治"基础，即亚里士多德所倡导的良法之治。规范化的治理标准是社会维持和平稳定的首要机制，但同时特定情况要"时中"地对规范制度进行灵活的运用，审时度势、推陈出新。另一方面，中国"善治"传统的最终目的是获得"道"。中国传统"善治"中的"善"将包含人类在内的宇宙和谐有序作为终极目标。"善治"传统将治民、治国纳于"善"当中，成善、成道为的是实现人类与宇宙万物和谐统一的有序共存与有机统一。

当然，受到时代与阶级立场的局限，亚里士多德的正义理论也有其缺陷和不足。从维护自身所属的阶级利益出发，亚里士多德思想中必然会带有自身的阶级立场并为其辩护。同时，经历了古希腊城邦由盛转衰的历史时期，亚里士多德主要通过实证考察提炼出具有鲜明时代印记的正义理论。结合了当时的历史环境，基于当时有限的研究主体和研究对象，亚里士多德的正义理论不可避免地显现出"复兴城邦政制"的时代局限性。但同时我们也看到，就实现社会治理之"善"而言，两者"善治"的最终目的都是通过国家治理的社会实践让人民获得美好而幸福的生活。以一种调和的方式将正义理论的合理要素借鉴到当代社会治理的理论与实践当中，对当今社会治理与现实应用具有理论与实践价值。

---

① 李平．中国传统文化与"善治"理论创化［N］．检察日报，2019-03-30（003）．

第三节 亚里士多德正义理论与社会主义核心价值观

社会主义核心价值观是国家治理体系和治理能力现代化的理念核心与价值核心。从亚里士多德伦理和正义理论与社会伦理治理理论的发展来看，两者之间既有差异又有相通之处。与亚里士多德的正义理论相比，社会主义核心价值观也存在着个体道德和国家正义等不同层次的内容和要求，因此，基于实践智慧的亚里士多德的正义理论也可能在伦理和政治层面推动社会主义核心价值观的践行。

一、友善友爱与个人正义

社会主义核心价值观是一个多层次内容丰富的体系，其中存在着个体层面的道德价值要求。如果说法律法规能"更好地体现国家的价值目标、社会的价值取向、公民的价值标准"[①]，是"国家之德""社会之德"，那么爱国、敬业、诚信、友善作为公民层面的要求体现在个体的日常行为活动之中，则体现了公民之德的问题。

友善是中华民族的传统美德，也是社会主义核心价值观的内容。中国传统文化的友善观以儒家的仁爱思想为深厚的思想资源，并把爱与尊重作为情感起点，以推己及人作为其行动准则。将自我友善与社会友善相统一，这与亚里士多德的友爱观有着许多相通之处。在亚里士多德的实践哲学领域中，对个体幸福与城邦繁荣具有重要作用的政治友爱在类

---

① 中办国办印发《关于进一步把社会主义核心价值观融入法治建设的指导意见》[N].
人民日报，2016-12-26（001）.

型上是指德性的友爱，正义与友爱是人类获得幸福生活的两大支柱力量。而相比于正义，友爱不仅是必要的，而且是高尚的。一种友爱关系的存在，"有赖于我们真心祝福并尽力协助朋友获取我们认为是善的事物，相互之间能够彼此互惠互助、分享快乐和痛苦"①。亚里士多德将财富、价值分配不公等同于正义的缺失，这并非社会矛盾产生的全部原因，而缓和社会矛盾冲突的途径却很大程度上依靠公民之间的相互友爱。对亚里士多德来说，只有在友爱关系当中才能够产生共同的行为活动和目标。政治共同体的成员之间如果没有了在友爱关系中形成的共同善，必将使城邦陷于危险之中。更为重要的是，"这一点无疑也适合于现当代的文明国家"，"亚里士多德式的政治友爱具有节制的利己主义特征，这种节制与现当代自由社会所倡导的相互容忍、宽容、开明等德性要求相去并不遥远"②。

在亚里士多德看来，友爱与正义是对善的生活的两种至关重要的德性。友爱是一种亲密的情感关系，更是一种理性的实践表达。友爱需要情感支撑但又不落入情感的圈套，需要权衡利益得失又必须明确如何为对方着想。表达是权利，更是一种责任，"友爱是这样一种重要现象，唯有在此现象中，真实的人性才能显现自身"③，而只有被人所关注与共享的共同体，才能构成充满人性而非冷漠的世界。例如，我们结合网络伦理理解社会主义核心价值观对个体道德的要求。网络道德失序主要源于事件主体的价值失序与价值迷失。一方面，在网络暴力中自我价值

---

① 陈治国，赵以云. 论亚里士多德式的政治友爱的类型、性质及其当代定位 [C].
   "西方政治哲学"全国学术研讨会论文汇编. 中华全国外国哲学史学会，2011：
   284-295.
② 陈治国，赵以云. 论亚里士多德式的政治友爱的类型、性质及其当代定位 [C].
   "西方政治哲学"全国学术研讨会论文汇编. 中华全国外国哲学史学会，2011：
   284-295.
③ ARENDT H. Men in Dark Times [M]. New York：Harcourt Brace Jovanovich, 1968：12.

的歪曲体现在个体将网络作为其宣泄焦虑、缓解压力的平台，每个人都在张扬个性与自我，根据自己的价值标准来评判、选择、行动。个体融入共同体中，为的是在社会实践生活中获得自我实现与自我价值，自我价值的本质并非一种孤立、抽象的自我满足，而是个人现实的社会价值在自身的显现或表达。另一方面，相对于现实社会，网络主体本身更加开放与自由，约束力较少。对青少年而言，在其未形成健全的社会道德意识之前，网络社会中的不良因素会削弱自身的社会责任感。因此，注重青少年的德性教育就显得尤为重要，好的制度体系必须与好的个体道德体系共存。对德性的培养并非去训练或激起被认可的回应，而是通过对良好德性的培养，渐渐灌输值得深思的价值判断标准，用知识的德性与慎思的品德应对任何无法预想的特殊状况的发生，使得良好的自我修养渗透到社会生活的每一个细微之处。网络本身同现实生活密切相关，现实领域的价值观念对网络领域而言同样适用。

二、公平法治与社会正义

在社会主义核心价值观中，法治作为社会层面的价值要求体现在社会治理的各个环节之中。党的十八大以来，党和政府积极运用法治思维与法治方式，并积极推动社会主义核心价值观建设与法治建设。法治作为社会主义核心价值观内容之一，"既是国家治理的重要价值理念和价值标准，也是国家治理的重要目标之一。同时，法治也是国家治理的主要手段，体现为一种工具理性、一种治理技术，是国家治理现代化的重要标志之一"[①]。

---

① 左高山，涂亦嘉. 国家治理中的核心价值观与法治建设［J］. 当代世界与社会主义，2017（04）：40.

法治是价值理性与工具理性的综合表达，而通过良法的确立善治才能实现，"这实际上与亚里士多德所说的法治有很大的互通性"①。西方最早提出"法治"这一思想的是亚里士多德，他在《政治学》中将法治定义为普遍守法与良法之治。按照他的说法，良法应当是符合正义与善德的法律，法律的效力必须合乎正确的理性且具有道德性。从法的内容来看，法律必须根据对象来不断调整同时合乎其规律；从法的价值来看，法律必须符合正义原则并且谋求社会成员的共同福祉；从法的形式来看，法律必须具有实践合理性和科学逻辑性。

在我国，良法及其相关概念有着深厚的历史渊源。儒法两家的"义""利"之争实质也是良法标准之争。"义"者，乃良法的要求，"利"者，是恶法的要求。另外，"法令滋彰，盗贼多有"（《老子·五十七章》）。立法多用以息邪，忌讳以法止贫，而民弥贫，利器欲以强国则国愈昏（弱）。② 制定的法律并非多多益善，繁杂而不实用的律法不仅会产生大量的立法成本，使人民陷入贫困，影响民众对法律的信赖并影响人民的现实生活。因此，"治民无常，唯法为治"（《韩非子·心度》），只要是能治理好国家的就是好法律。法治追求的目标并非仅仅是获得良法，关键是通过良法之治，治国措施需与时代适合，才有功效才能实现"善治"。同时，"圣王之立法也，其赏足以劝善，其威足以胜暴"（《韩非子·守道》），完备律法的建立能够通过其奖赏鼓励人们向善，通过其威严制止残暴。③ 因此，良法的制定也能够成为培养人们道德品质的手段。此外，王安石也指出："立善法于天下，则天下治；

---

① 周安平．"善治"是个什么概念：与俞可平先生商榷［J］．浙江社会科学，2015（09）：38-44，157．

② 新编诸子集成：老子道德经注校释［M］．王弼，注．楼宇烈，校释．北京：中华书局，2008：150．

③ 刘乾先．韩非子译注［M］．哈尔滨：黑龙江人民出版社，2002：332．

立善法于一国，则一国治。"（《王安石文集·周公》）一国制定了好的律法则国家就会太平，因此当论述善治时，必然是将善治与法治联系在一起的。"法立而能守，则德可久，业可大。"（朱熹：《论语集注·卫灵公第十五》）法立则德立，立法之本是实现善治的规则基础。规范化的治理标准是社会维持有序稳定的首要机制。法律的生命力在于实施，良法之治也是善治要追求的目标，法律的正义精神最终都指向善治。以良法治理教化于民、导民向善，成善、成道为的是实现人类于宇宙万物中和谐统一的有序共存。可以说，中国传统的治理向善蕴含着和谐大同的世界观，包含着人类在内的宇宙和谐、命运与共的终极目标，也指向了一种对人类文明新形态的理想追求。

第五章

亚里士多德正义理论与社会伦理治理实践

继传统社会和工业社会之后，社会的现代化以科技为主导在全球范围内引领一轮又一轮的科技革命与产业变革。而能力的现代化在实践应用中主要体现在对个人、社会、国家发展中所展现出的应变能力与长远眼光。当今时代，社会伦理治理活动的实现同对正义的追求紧密相关。对正义的理论与实践研究也不仅局限于单一的政治范畴，在各领域的"善治"实践活动中，应得与所得、权利与义务、利益与分担的出现使得我们面临着诸多的正义问题。

对实践智慧的运用是一个全面的、整体性过程，其通过适当的意愿与意图，培养并运用良好的判断，从而体现在行为倾向、价值观以及准则诸多方面。良好的判断以开放且谨慎的方式感知不同选择方案的利弊，并能够优先考虑到实现预期目标的方法并对其进行优化，从而在其中选择出明智的决定与行动。因此，在技术活动、管理活动、政治活动以及教育活动当中，培育实践智慧，能够以卓越的行为导向、综合的判断能力为技术主体、管理者以及领导者提供最佳的方式去积极应对复杂问题与矛盾冲突。这为当代社会伦理治理实践中正义问题的解决提供了合理路径和全新探索。

第一节　实践智慧与技术正义

信息时代，技术活动中的正义问题日渐突出。在信息过载、基于算法的计算程序与复杂问题交错的大数据应用当中，错误的前提、有偏见的框架或资源不平等都会造成对数据的错误处理，从而对我们的社会造成无法预估的威胁。随着技术实践的发展与技术活动负面问题不断显现，一系列技术伦理理论在技术活动各个领域掀起研究热潮。技术正义是技术伦理的核心内容。其中，德国哲学家奥特弗里德·赫费以政治哲学中的"正义"来研究技术活动的伦理问题，即科学技术"不得伤害人本身"。[①] 美国学者汉斯·尤纳斯则从责任伦理出发对科学技术进行哲学反思和伦理评估。而在国内学者看来，关于技术活动的正义问题研究较早地源于对技术之于人类生存发展的一种价值追问，认为技术不仅是一种工具手段，还负载着价值，其中包含着伦理与政治的问题。[②] 同时，技术正义还倡导提高科技工作者、决策者以及公众的道德意识与道德标准。

技术正义指自由平等的个人之间通过有程序的商谈而达成的技术利益、风险分配上的均衡与妥协的契约[③]，这种契约的达成不仅需要个体拥有正义感的道德能力，同时还需要拥有善的观念的能力，从而保证技术主体具备选择基本善与正义原则的合理性。同时，公正地分配技术的

---

① 沈国琴. 跨文化视野下的赫费道德哲学研究 [J]. 长春理工大学学报（社会科学版），2013，26（02）：47-50.

② 李华荣. 技术正义论 [J]. 华北工学院学报（社科版），2002（04）：18-21.

③ 曹玉涛. 交往视野中的技术正义 [J]. 哲学动态，2015（05）：68-74.

发展与应用所带来的利益、风险和代价，也成了技术时代社会正义所要解决的难题。① 正义是每个人都不可剥夺的基本权利，技术正义必须有利于公众，旨在保证公众健康与福祉。技术正义力图"让全体公众最大限度地感受到幸福，最大限度地避免技术风险所带来的伤害"②，但同时也要顾及每一个独立个体生存与发展的正当权益。

具体而言，技术正义原则主要包含以下几方面③：

一、技术目标的公正，具体指技术研发过程中的正义诉求。要让每一个社会公众都能从中获得益处，感受幸福。

二、技术机会的平等，具体指技术活动过程中技术资源分配的公正诉求。

三、技术责任分配的平等，具体指技术使用及消费过程中风险及代价分担的公正诉求。每个主体的权利和职责都是对等、对称的，享有何等权利，就应当承担何等的责任；获得多大的利益，就应当分担多大的风险和代价。

我们以人工智能新技术来思考技术的正义问题。2017 年 1 月，"Beneficial AI"（惠人 AI）会议在美国加利福尼亚州阿西洛马举行。业界领袖以及近千名人工智能和机器人领域的专家联合签署了阿西洛马人工智能 23 条原则，呼吁全世界在发展人工智能领域为人类服务的同时严格遵守这些原则，共同保障人类未来的伦理、利益和安全。可见，新一代人工智能不断地模糊着物理世界与个人的界限，在深刻改变人们生产生活方式的同时，也极大地颠覆了人们的传统价值观。在《尼各马可伦理学》中，亚里士多德仔细地研究了五种人类理智品质的各种性质，并

① 朱葆伟. 高技术的发展与社会公正［J］. 天津社会科学，2007（01）：35-39.
② 曹玉涛. 交往视野中的技术正义［J］. 哲学动态，2015（05）：68-74.
③ 曹玉涛. 交往视野中的技术正义［J］. 哲学动态，2015（05）：68-74.

将科学、明智、智慧和努斯归为"从未受到其欺骗的品质"一类①，但这一类中并没有包括技艺这一理智品质。五种品质都指向善，但按照次序理解，技艺在他看来是最低的一种，且技艺并不能代表理智品质的全部特征。技艺是一种能力，更是一种品质。"技艺的知识因为能够直接改变人的生存环境而获得更多的权利，这种品质自工业革命发展以来表现得愈加明显。"技艺包含着明智，如果说，运用技艺的活动没有了明智这种实践性的理智德性，"仅仅依靠技艺的知识来改变人类能力之内的存在世界，那么这个世界所展示的就变成了一个可以由人随心所欲掌控的流变的过程"②。如同明智没有了德性，没有实现善的目的就没有明智，没有明智就会使得运用技艺的活动失真或是做出妄断。由此可知，"惠人AI"的实质不在讨论机器的道德与伦理，而是从对人机之间技术关系的讨论提升为对人机伦理关系的讨论。

第一，从技术目标价值的正义性来看，"惠人AI"主张智能系统以功能的安全性为前提，公正诉求旨在以服务全人类的价值为技术的普遍善。"技术活动本身即是工具性与目的性的统一，技术活动的目的来源于人，并应用于人和社会。"③ 在大数据和智能技术时代，为保证价值标准互不冲突，智能技术的发展需要对不同国家、不同行业、不同性别以及不同宗教信仰的人员进行选择和考量，得出一个为人类普遍认同的价值观和伦理要求，从而要求系统设计人员对价值进行排序和选择。

现代的数据分析能够跨地区、跨领域地为制造业、商业、医疗等提供丰富的数据资源，并依靠特定地区或环境的移动设备和传感系统为使

---

① 亚里士多德.尼各马可伦理学［M］.廖申白，译.北京：商务印书馆，2003：174.
② 廖申白.亚里士多德的技艺概念：图景与问题［J］.哲学动态，2006（01）：34–39.
③ 王国豫，刘则渊.科学技术伦理的跨文化对话［M］.北京：科学出版社，2009：214.

用者提供更具有针对性和有效性的服务。企业能够实时地根据情感分析或是从社交媒体上所传达的语言信息，更好地理解顾客关于公司产品与服务的感受。以家庭机器人或服务机器人为例，家庭机器人在进行定位、导航、陪伴等简单技能操作之外，在技术上已经做到了情绪表达和与人做情感上的交流。但如何控制机器人的情绪表达，即机器人如何在执行命令之前根据具体场景预先分析出该情境下的功能安全。国内学者提出了"优雅 AI"（Graceful AI）的理念，Graceful AI 要求机器人遵循亚里士多德的中道至善（golden mean）原则以及孔子的中庸之道来进行亲人类行为。这一理念考虑到了 AI 的责任以及 AI 的技术、伦理和法律之间的界限，释放人们对 AI 的恐惧，希望道德机器能够给人类一个美好的未来。[①]"IEEE 全球人工智能与伦理倡议"提出将价值标准和伦理思考嵌入到智能系统设计当中，首先由哲学思考，再做原则标准，而亚里士多德式的实践智慧能够为人工智能的伦理思考提供一种全新的研究方法。依靠积累的知识经验和适度的中道手段，实践智慧具备一种对具体情境进行判断以及处理的具有开放性的能力。同时，亚里士多德式的实践智慧以至善为其固有价值，承认并包容多样性与差异化的存在，并且同秉持着自然本性、自我认知以及自我管理的理性生活联系在一起。

第二，从技术责任分配的正义性诉求来看，技术使用的成果具有一定的不确定性风险，技术专家、智能成果的设计者与企业都要承担相应的责任。当前科学技术的迅猛发展，发展出空前的创造力，也产生了空前的破坏力。人的社会责任随着自由选择与选择能力范围的扩大而随之扩大。

---

① 齐昆鹏. 2017 人工智能：技术、伦理与法律研讨会在京召开 [J]. 科学与社会，2017，7（02）.

一方面，技术活动往往需要高投入，具有高风险和高回报。技术决策者与技术人员需要承担一定的经济责任，以便使技术活动获得良好收益，避免投资者或纳税者受到巨大的利益损失。另一方面，技术成果要最大限度地有益于公众的身心健康。"任何科技活动对社会资源的利用都必须要考虑其目的的合法性"①，技术活动要具有积极正面的社会价值。技术主体有责任也有机会重塑其中的道德含义，并以此为合理的价值尺度来进行技术选择与技术实践。例如，在自动驾驶技术中，程序一般不被当作"司机"。虽然没有法律来制裁自动驾驶程序的超速行为，一旦出现事故，车辆控制机构的设计者就应当承担责任。②此类法律规范的形成能够有效地影响道德主体道德责任的养成与界定。实践智慧包含着对相关知识的重复性训练，并从普遍意义上以良好生活作为规范性指导方向。作为一种驱动力，实践智慧促使我们不仅要思考如何达到目的，更要思考选择值得欲求的目的，而这远远优于中立化的聪明、战略性的狡猾或是无道德的卑劣行为。实际上，智慧主体能够坚持并按照道德规范或正确的价值观进行技术上的应用与实践，并以一种"道德的基础"作为引导，也能够确保人工智能的开发者与设计者承担自己应有的责任。

第三，随着技术的发展与社会的变革，社会性因素给技术革新所带来的挑战变得越来越复杂且不可预测，对技术正义的社会化诉求以及伦理化诉求也变得越来越突出且迫切。"技术乃天下之公器，它不仅为人类带来福祉，也是人类赖以建立真正公正社会的凭借。"③

---

① 王国豫，刘则渊. 科学技术伦理的跨文化对话［M］. 北京：科学出版社，2009：51.
② 罗素，诺维格. 人工智能：一种现代方法：第二版［M］. 姜哲，译. 北京：人民邮电出版社，2004：740.
③ 曹玉涛. 交往视野中的技术正义［J］. 哲学动态，2015（05）：68-74.

一项技术的设计与实施需要不断地被审慎对待，其假设、来源以及技术支持都需要被公开地审查，并与现实的社会化概念进行融合与比较。"技术正义问题就是对技术之于人类生存发展的一种价值追问。技术是负载价值的，它已经变成了一个伦理与政治问题。"① 大数据需要从"大处着眼（think big）"，或者以"宏大的"视野（"big"picture view）和"深度"描述（"thick"description）来避免之后的诸多问题。② 行动是通过目标与关于行动结果的知识之间的逻辑联系来判定的，"只有理解如何判断行动的正确性，我们才能理解如何去构建其行动能够被判断是正确的（或理性的）智能体"③。亚里士多德在《尼各马可伦理学》中这样论述目标与行为之间的关系："我们所考虑的不是目的，而是朝向目的实现的东西。医生并不考虑是否要使一个人健康，演说家并不考虑是否要去说服听众，政治家并不考虑是否要去建立一种法律和秩序，其他的人们所考虑的也并不是他们的目的。他们是先确定一个目的，然后来考虑用什么手段和方法来达到目的。"④

道德现象的复杂性伴随着道德规范的多样性，但是源于将人与动物进行区分的西方哲学总体上主张将人类自身幸福作为伦理学思考的首要规范。亚里士多德将人类"生活得好"作为伦理学的终极目的，而"中世纪的亚里士多德"——托马斯·阿奎那则将伦理学视为"关乎人的整个生命和人类生命的终极目的"⑤。基于实现全人类的公共利益，

---

① 李华荣. 技术正义论 [J]. 华北工学院学报（社会科学版），2002（04）：18-21.
② INTEZARI A, PAULEEN D. Wisdom, Analytics and Wicked Problems--Integral Decision Making for the Data Age [M]. London and New York：Routledge，2019：xi.
③ 罗素，诺维格. 人工智能：一种现代方法：第二版 [M]. 姜哲，译. 北京：人民邮电出版社，2004：7.
④ 亚里士多德. 尼各马可伦理学 [M]. 廖申白，译. 北京：商务印书馆，2003：68.
⑤ AQUINAS T, MCLNERNY R. Selected Writings [M]. New York：Penguin Classics，1999：653.

超级人工智能只应服务于被广泛认可的道德理想，而"生活得好"则可以作为 AI 技术的最高道德规范。寻求正义的技术应当以人的价值为核心，并将人的全面发展作为技术实践的发展前提，因此，我们认为 AI 伦理应当将对技术设计、使用等问题的规范伦理思考置于优先地位。同时，基于 AI 技术的特殊性，应当在实践中坚持伦理优先于技术的原则。如同克隆技术的社会伦理问题始终优先于克隆的技术问题，对于 AI 技术的伦理思考也应当优先于技术的发展，而 AI 技术的开发者"应该始终把人工智能对社会负责的要求放在技术进步的冲动之上"①。

第二节　实践智慧与管理正义

在人类的社会系统当中，管理活动普遍存在。如亚里士多德所言，人的社会性体现在共同体中，并以组织管理的形式表现出来。管理组织本身是利益合作关系的体系，正义是管理伦理价值的内在要求，管理正义是当前管理哲学研究的重要内容之一。"管理正义是指在一定的组织范围内，通过对组织角色及其权利和义务的公平合理的分配，使得每一个组织成员得其所应得"②，其主旨在于保证合作伙伴关系利益分配正当化。同时，管理制度是否正义以及管理者是否具备正义的观念和正义的行为都决定着管理正义原则能否有效实施。决策制定是管理者的职责核心，管理的核心在于处理人际关系、调整利益分配的平衡。组织结构的成功与失败很大程度上取决于管理者在组织体系中所做出的各项决

---

① 刘诗瑶. 人工智能或许会对法律规范、道德伦理等产生冲击：你会爱上机器人吗［N］. 人民日报，2017-07-10（07）.
② 周鸿雁. 论管理公正的概念［J］. 湖北社会科学，2005（05）：46-47.

策。在不确定的特定环境中，决策者需要权衡诸多方面的利与弊，做出明智的反应并给予公正的决策分配。"能够使一个人在复杂情况下做出正确判断的，是一种敏锐的综合理解和审慎能力，这种能力同样被用于涉及道德、战略以及目标相冲突的困境当中。"①

决策制定是确定问题、制订最佳有效解决方案的过程，在所形成的多种选择中筛选并执行最为合适的方案，并为未来的组织发展进行结果评估。良好的决策制定是重要的且长期影响着组织管理与利益相关者，其对长期战略与组织管理的成功起着十分重要的作用。具有战略意义的决策制定不仅有益于组织内部的雇佣者、管理者、利益相关者，同时有益于组织外部的商业共同体以及社会共同体，保证合作关系利益分配正当化。另一方面，持续增长的数据积累，同有限时间内对巨量数据的获取与分析这类技术进步一样，对管理决策的合理化具有非常显著的提升。实时分析与深入文本的数据分析能够帮助管理者掌握未来趋势，并对市场管理、缓和危机、提供定制服务做出变化预测，从而提升客户体验。但仅仅依靠数据与信息并不能提供切实可行的解决方案，大数据与数据分析同其他与决策相关的技术支持一样，无法完全替代人类判断。因此，明智的决策越来越受到重视。

传统的管理理论时常将决策制定过程简单地描述为最有效地达至预期目标的计算原理与推断原理，然而随着当今商业世界持续增长的复杂性以及各体系之间的相互依赖性，传统方式的简单处理不仅不能解决一个又一个突发的状况，还有可能激化矛盾甚至造成恶性循环。这些机械化定量的分析方法需要被越来越审慎地看待，而具备实践智慧的决策制

---

① INTEZARIA, PAULEEN D. Wisdom, Analytics and Wicked Problems: Integral Decision Making for the Data Age [M]. London and New York: Routledge, 2019: xi.

定能够克服传统功能主义与极简主义所带来的弊端。①

近年来，关于亚里士多德古典伦理学中"实践智慧"的讨论正在管理学理论与实践中兴起。这类基于实践智慧转向的管理实践研究主要聚焦在调节纯理论知识与实践领域之间的矛盾，同时也是为了整合道德与社会方面的诸多冲突。例如，近年来出现的德国大众公司"排放门"丑闻事件（VW emission scandal）② 表明，商业世界中出现的许多问题存在不确定性，所引发的连锁反应可能是致命的。对于商业和管理来说，"问题的出现同多重利益相关者的切身利益分配、知识的缺口以及系统的不确定性相关，也包含着高度复杂的难以理解或难以描述的多样性因素"③。在复杂情境下，传统的管理方法是无效的，因此决策者需要"更富创造性、创新性和直观思维在决策制定当中"④。

在大众"排放门"丑闻事件当中，首先，企业管理主体在决策制定过程中，将追求利益最大化作为首要目标，而刻意回避了不同国家对

---

① BACHMANN C, HABISCH A, DIERKSMEIER C. Practical Wisdom: Management's No Longer Forgotten Virtue [J]. Journal of Business Ethics, 2018, 153: 147-165.

② 2015 年 9 月 18 日，美国环境保护署指控大众汽车所售部分柴油车安装了专门应对尾气排放检测的软件，可以识别汽车是否处于被检测状态，继而在车检时秘密启动，从而使汽车能够在车检时以"高环保标准"过关，而在平时行驶时，这些汽车却大量排放污染物，最高可达美国法定标准的 40 倍。早在 2013 年，大众公司就因尾气排放测试严重超标而被美国空气治理委员会介入调查，大众的回应是尾气排放超标是因为"各种技术问题和超出预期的使用情况"，并于 2014 年 12 月宣布召回所谓受影响的约 50 万辆柴油车，这次召回按大众的说法解决了氮氧化物排放超标问题。然而，2015 年 5 月美国空气治理委员会再次展开上路测试时，发现大众柴油车的尾气排放"有某种程度的减少"，但氮氧化物排放依然严重超标。美国政府为此发出警告，如果不能给出"充分解释"，美国将不允许 2016 年大众柴油车上市。到了这个时候，大众才承认在这些汽车上设计并安装了"作弊"软件。而安装排放"作弊"软件的柴油车可能达 1100 万辆。

③ INTEZARI A, PAULEEN D. Wisdom, Analytics and Wicked Problems: Integral Decision Making for the Data Age [M]. London and New York: Routledge, 2019: 65-67.

④ STACEY R D. Strategic Management and Organization Dynamics: The Challenge of Complexity [M]. 3rd ed. Harlow: Prentice Hall, 2002.

环境治理的差异化需求。问题往往是半隐藏，或者仅是部分地呈现出来，管理者需要通过周期性的自我审查来发现问题、解决问题。在本案例中，当复杂情况以及现实冲突第一次出现时，企业管理主体并没有做出实质性的应对举动，同时企业高管人员被怀疑试图隐瞒与柴油排放测试有关的证据并阻碍调查。为了减少消费者的养护成本而讨好消费者，以获得短期的销量增长，企业的管理者操纵软件依靠程序指令来获得某一可观的具体指标，这些考量为核心技术的发展与财政收益的增长提供了充足的理由。其次，当今商业环境中组织者与管理者所面临的挑战是复杂的，其中包含着技术性的、经济的、环境的、社会以及政治的多重因素。当问题产生时，既无法简单地仅凭信息系统得以解决，也不能只靠人类有限的知识与传统的决策流程解决，仅仅依靠"改进技术"而回避生活世界的复杂现状，只会导致不明智决策的产生，从而使得问题恶性循环，对不同国家、利益相关者以及企业本身造成了多方面的不良影响与严重损失。

21世纪的问题与挑战变得越来越复杂化、多元化，同时也深远地影响着商业格局与社会格局。当今组织与管理的概念变得越来越宽泛，含义也变得越来越模糊，面对如此复杂的情况，管理者需要具备快速、可靠且负责的行为反应。同时，找到绝对且具体的单一解决方案几乎是不可能的，决策制定者必须不断反思自身对解决方案所施加的影响，而问题所出现的情境则需要被不断检查检验。这不单单需要对问题与挑战做出简单的回应与解决，更需要我们探究全新的思考方式与行为方式。

第一，决策制定与实践智慧是管理实践的核心特征，实践智慧在决策制定情境与过程中起到了关键性的调解作用，因为"当要解决现实世界决策形势本身所具有的复杂性时，实践智慧是必要的"①。不断增长的社会因素影响着管理学理论的实践，而实践智慧能够帮助管理实践应对周遭环境所带来的持续增长的压力。在管理理论中，实践智慧被认为是管理者的一种能力：批判性地反思并准确评估自己、他人以及决策形势，整合个人与社会的知识与价值融入决策行为当中，目的是获得短期或是长期组织管理上的正义与善。其中，慎思是明智的决策制定中非常重要的一个方面，其能够帮助决策制定者处理充满挑战且无序混乱的问题，并在处理复杂问题时确保决策制定者对个人的能力与局限性拥有充分的认识。"不同的决策情境产生不同的决策制定过程，所产生的多种功能又反过来同问题的发现与解决相互关联。"② 任何一种状况的发生都可能是意外和特定的，由环境所决定的决策制定是组织或管理者从未经历过的，这也让决策者意识到现有知识与经验的局限性。

第二，决策制定同判断力与伦理性紧密关联。作为一种道德德性，实践智慧使得决策与行为能够在充分判断力的基础上具有必要的伦理性，而道德判断是决策制定的一个关键要素。"道德与品行是明智的管理实践的核心。"③ 决策制定者需要在认定任何行为之前，评估有效方案的所有可能结果以达到最大的可能性。同时从价值层面来看，问题的产生包含着巨大的社会因素和利益相关者的社会文化多样性，因此还需要从伦理上以同理心来对待利益相关者的关注重点。决策制定者的好坏完全取决于价值观的基础。日益受到各种环境差异影响的组织管理问题

---

① INTEZARI A, PAULEEN D. Wisdom, Analytics and Wicked Problems：Integral Decision Making for the Data Age ［M］. London and New York：Routledge, 2019：64.

② INTEZARI A, PAULEEN D. Wisdom, Analytics and Wicked Problems：Integral Decision Making for the Data Age ［M］. London and New York：Routledge, 2019：115.

③ INTEZARI A, PAULEEN D. Wisdom, Analytics and Wicked Problems：Integral Decision Making for the Data Age ［M］. London and New York：Routledge, 2019：147.

使得管理者迫切将社会责任摆在优先地位。如果没有考察组织、商业共同体以及社会共同体的伦理维度，决策制定与行为便被认为是不明智的。如果管理者想要获得长期且稳定的成功，充分考虑到决策行为的伦理性就要比经济上的成功更为重要。

第三，决策制定的过程由直觉、非理性、经验以及数据分析的理性要素组成，其中理性的决策分析过程在组织管理中起到非常重要的作用。直觉思考常常会带动无意识或潜意识里的、带有情感的、直接快速的决定，而理性分析是可控的、审慎的、准确的，常常同有意识的、理性的决定联系在一起。非理性的决策制定对特殊情境来说是具有创造性且适宜的，而理性的决策制定受益于数据分析的准确性，适合于普遍情境。两种过程相互补充，同时也将当下与未来的决策情境关联在一起。从这个意义上说，一方面，实践智慧能够在伦理决策制定中积极地影响道德敏感性、道德判断以及道德动机，同时将直觉的价值判断融入明智的决策制定当中。另一方面，实践智慧能够拓宽为更加综合地对理性选择的解读，同时进行自我批判的反思过程，而这对基于实践智慧的决策制定是十分重要的。[①] 有学者认为理性的社会构建加强了组织管理中的理性决策制定，"合理性的社会构建在组织设置中已经成为一种'公约'，因为理性的决策制定本身就是一种行为实践。这种实践活动通过组织成员、技术开发者以及专业学者等行为者的共同支持来获得理性决策成果，因此也就将社会现实融入理性选择的理论当中"[②]。值得注意的是，利益相关者在保持理性的首要作用方面是不可低估的，其影响着

---

① PROVIS C. Virtuous Decision Making for Business Ethics [J]. Journal of Business Ethics, 2010, 91：3-16.

② CABANTOUS L, GOND J P. Rational Decision Making as Performative Praxis：Explaining Rationality's Eternal Retour [J]. Organization Science, 2011, 22（3）：573-586.

管理者的决策制定，以便确保管理者遵循公开透明且理性的程序以获得正当、合理的决定。

因此，作为一种"隐性知识"（tactic knowledge）[①]，实践智慧被理解为是整合了心智与德性的认知过程。同时，实践智慧的社会性特征能够包容更多实践主体的利益关系，并将利益平衡放到更大的实体当中，从而感知社会组织环境的多层次、多样化。"有效的决策结合了制定者的专业知识、判断理解、法律义务、社会责任、伦理上的考量以及其他利益相关者或主观或客观的期望。"[②] 也是因为这样，管理者熟识各种不同类型的决策制定，能够从理性与非理性的角度、个人或整体的角度更好地掌控复杂的决策情境。理性与非理性共同支撑起明智的决策与行为，有效的决策基于可靠的知识以及对自身局限性的认识。接受认知的易错性是实践智慧的基本，而决策制定就是这样一个实践过程：基于对决策情境的充分判断而慎思并采取适当的行为。

第三节 实践智慧与环境正义

可持续发展是中国特色社会主义生态建设的基本途径。可持续发展的正义诉求是对"人类命运共同体"共同利益与价值的追求。党的十九大报告首次提出"美丽中国"诉求，将党的基本路线完善为"为把我国建设成为富强、民主、文明、和谐、美好的社会主义现代化强国而

---

① STERNBERG R J. A Balance Theory of Wisdom [J]. Review of General Psychology, 1998, 2 (4): 347-365.

② INTEZARI A, PAULEEN D. Wisdom, Analytics and Wicked Problems: Integral Decision Making for the Data Age [M]. London and New York: Routledge, 2019: 134.

奋斗"。"美丽中国"作为生态文明建设的目标被提升到"五位一体"的总体布局中。为适应新时期的新要求，"我们既要创造更多物质财富和精神财富来满足人民日益增长的美好生活需要，也要提供更多优质生态产品以满足人民日益增长的优美生态环境需要，持之以恒建设人与自然和谐共生的现代化"①。

正义概念是一般性概念，对正义问题的研究是人文社会科学领域中的核心。在人与自然和谐共处的关系上，正义理论的应用实践具体表现为环境正义的理论与实践。保证人与自然健康、可持续的生存与发展是环境正义原则得以确立的基础。人类只有一个地球，各国共处一个世界，党的十八大所积极倡导的"人类命运共同体"意识也正是为了寻求人类与万物的共同利益与共同价值。生态空间（ecological space）是指所有"以自然资源为基础的支持生命的产品与服务"的结合②，其中包括了维持生命所需的一切要素。在生态空间中，地球上所有的有机体在一起形成了"命运共同体"。"命运共同体"也是一个正义的共同体（a justice community），其中生命体之间体现着一种积极的、相互依存的正义关系，它建立在共享人类与万物最基本的存在之上。为了"好的生存"，所有的生命必须共享地球的资源，而正是在"生存"与"好的生存"之间的这种紧密联系，为生命的实践活动提供了起直接作用的道德力量。

党的十九大报告指出，污染防治是生态文明建设和生态环境保护的主要任务，环境就是民生，青山就是美丽，蓝天也是幸福。人类的繁盛与良好的生态环境紧密相关。实践智慧的自然主义目的论以中道为基

---

① 刘毅. 美丽中国　和谐共生［N］. 人民日报，2017-10-21（11）.

② VANDERHEIDEN S. Allocating Ecological Space［J］. Journal of Social Philosophy，2009，40（2）：257.

础，谋求人类的共同福祉，主张"善优于权利（正当）"。尊重自然，适度且合理利用资源，平衡当代人与后代人的利益，促进人与自然的可持续发展。"实践表明，在经济发展过程中金山银山固然重要，但青山绿水更为重要，因为从某种程度来说，绿水青山本身也是金山银山。"①"先制造，后销毁""先破坏，后保护""先污染，后治理"这些仅考虑到眼前利益的现实对策并不能获得真正的善，适度地进行资源利用，促成环境资源的可持续发展以及造福人类是最终目的。以牺牲环境为代价的发展方式既损害自然，又损害人类自己。只有坚持适度的原则，平衡环境资源与经济效益的辩证关系，将环境资源的可持续发展放在首位，才能够实现经济、社会、环境的协调与健康发展。

环境正义主张人与自然的关系问题同各种社会问题密切相关。其中包含利益共享、风险承担、平等的利益分配和责任义务分配，人的生存境遇、社会关系以及文化传统都会对人与自然生态的可持续发展产生影响。"环境的正义问题的凸显体现了人们对现实环境权益的关切，这种关切也就是如何分享环境利益和分担环境责任的问题。"② 就生态建设而言，合理分配环境问题的责任是实现社会建设与生态保护协调发展的正义诉求。比起建立事后的问责制度，"前瞻性责任"的提出更能够体现能力与资源的分配。一方面，个体在道德上对环境问题负有责任。个人的日常选择和行为对政治、社会和经济生活的未来起着十分重要的作用。从公民或消费者的角度来看，每个个体根据其居住的环境、态度与信仰的差异对当地的环境发展表现出强烈的影响力。"就个体而言，责

---

① 何建华. 公平正义：民生幸福的伦理基础 [J]. 浙江社会科学, 2014 (05)：111-116, 159-160.

② 李培超. 环境伦理学的正义向度 [J]. 道德与文明, 2005 (05)：19-22.

任本身就是一种德性"①，个人的德性与负责任的行为受到社会制度、政策信息以及教育的影响，其本质上是一种应对多种规范性要求的反应。环境正义理念的提出反映在人与自然的平等关系上，"人们在改造自然环境时要考虑理性与道德方面，在利用和改造自然的过程中需把处理好人与自然的关系放在首位"②。道德责任关注个体在社会实践中所扮演的角色以及应对挑战的理性能力，重点放在个体整个生命活动以及德性的发展与改善上，鼓励有德性的个人拥抱绿色。另一方面，政府与企业等主体应该承担更多的制度责任。其主要职责在于创造公平且可持续的制度环境，使个体能够更容易应对新的规范。责任分配是一种社会实践，不同个体存在着不同的责任份额。只有在特定社会经济与文化政治背景下，特定的管理者、政府与公司机构通过责任制度的科学分配，才能够为每个人提供更多良好的、与环境互动的社会机会。

社会的基本单位是公民个体，制度是由公民的共同行动创造和维护的。政府与公司机构拥有最强大的资源、智慧库以及能力实践者，负有巨大的前瞻性责任。责任归属和责任分配是平衡社会发展与环境保护最有效且公平的办法，其在创造或建立公平机会的同时，为解决社会问题而建立有效和科学分工的手段。个人的选择和与环境友好的互动的基础是个人同所处的社会经济、政治文化环境之间的相互作用。不同的个人承担责任的能力与资源不同。只有科学的责任分配，倡导公平的社会合作和人性化制度，才能使个体负责任地出于意愿地以友好且环保的方式进行实践活动，提高个体的环保意识，保证社会环境与生态环境的良性发展。

---

① WILLIAMS G. Responsibility as a Virtue [J]. Ethical Theory and Moral Practical, 2008 (11): 455-470.

② 原黎黎，王子彦. 我国环境伦理学研究的历程与热点问题 [J]. 南京林业大学学报 (人文社会科学版)，2018，18（03）：1-11.

第四节 实践智慧与知识教育

认知是探究我们自身和世界的关键形式，德性知识论从伦理学中"什么才是好生活"的问题出发，回答"如何获得知识"，并提出"知识论是研究以合适的（right）或好的（good）方式在认知意义上把握实在"①。德性知识论将知识论与德性伦理关联起来，主要表现在：超越对问题的理性认知，从规范性维度考察认知活动，对我们如何认知、怎样构成好的认知进行研究。知识作为与现实的认知联系，产生于理智德性的行为实践当中。扎格泽博斯基主张认知活动的行为评价与伦理活动中的行为评价不仅仅是相似的，德性概念也包含着规范性维度的认知活动，或者说规范性认识论构成了伦理学的一个分支。② 正确的判断不能总是被简化为在行动发生之前可以明确规定的决策程序，知识动机和理智德性的动机共同构成了特定伦理规范。在规则之外，在合乎德性的实践活动中，特定的善德或恶习会对正当的信念构成和正确的道德行为起到一定的消极作用，因此我们需要像实践智慧这类德性对其进行审慎的判断与权衡。③

基于亚里士多德思想以及当代知识论最新成果，当代教育学者开始从道德维度反思现代教育教学实践。在知识教育体系中，与科学知识发

---

① 琳达·扎格泽博斯基. 认识的价值与我们所在意的东西 ［M］. 方环非，译. 北京：中国人民大学出版社，2019：8.

② ZAGZEBSKI L T. Virtues of the Mind：An Inquiry into the Nature of Virtue and the Ethical Foundations of Knowledge ［M］. Cambridge：Cambridge University Press，1996：XIV - XV.

③ ZAGZEBSKI L T. Virtues of the Mind：An Inquiry into the Nature of Virtue and the Ethical Foundations of Knowledge ［M］. Cambridge：Cambridge University Press，1996：220.

展相关的理智德性包括公正、基于审慎调查的冷静思考、理智谦逊、理智勇气、坚持不懈、行为果断以及不偏私地评价他人观点等。受到亚里士多德理智德性的概念启发，教育伦理学提出基于德性的视角将知识与道德观念联系起来，丰富当代知识教育的理论与实践。诺埃尔（J. Noel）概括出教育中实践智慧（phronesis in education）的三方面内容①：理性形式、情景感知和洞察力诠释、培养道德品质。

实践智慧与知识教育的相关性表现在诸多方面。第一，教育中运用实践智慧能够培养学生形成一种对新事物进行审慎判断的能力，从而产生批判性的方法论思维意识。随着实践经验的丰富和发展，实践智慧在不断地强化我们的感知力和理解力，从而在多变复杂的环境中审慎地行动。萨拉·萨卢姆（Sara Salloum）认为，从知识传授和技能训练的角度来看，教育教学的目的在于引导学生思考并获得演绎推理问题的一般性原则，教师可以训练学生在不理解概念的情况下正确应用科学算法和原理方法，并完成考试。而从实践智慧运用的角度来看，学科教学的目标可以是多样的：比如，提升学生对科学概念的理解力和鉴赏力，提升探索世界和认知科学的感知力，也包括通过考试。② 这些能力是对善恶和正义与否观念的辨认。正如伽达默尔所说，我们学习一种技艺，也能忘记这种技艺，而实践智慧还存在着道德考虑的自我认识以及正确的道德判断能力。③

第二，教育中运用实践智慧能够提升教师对科学教育体系的综合运

---

① NOEL J. On the varieties of phronesis [J]. Educational Philosophy and Theory, 1999, 31（3）：273-289.

② SALLOUM S. The Place of Practical Wisdom in Science Education：What Can Be Learned from Aristotelian Ethics and a Virtue-based Theory of Knowledge [J]. Cultural Study of Science Education, 2017, 12：355-367.

③ 汉斯-格奥尔格·伽达默尔. 诠释学 I：真理与方法 [M]. 洪汉鼎，译. 北京：商务印书馆，2010：457.

用能力。在教学行为和教育决策上，教师需要从整体上考量教学过程所体现的文本内容、理性思维能力、情境转化和品格培养等诸多要素。通过建立多样化的评估体系掌握学生对知识理论的运用程度，教师需要依靠不偏私和负责任的德性行为，在不同的学生群体中选择运用不同的教学技巧。在谈到科学教育中的品格培养时，凯尔运用亚里士多德的德性伦理学以及实践智慧的相关理论，阐释好的品格培养不仅仅有益于教学，还是优质教学的基本构成。尤其是在培养学生道德品格和职业品格方面，如公正、耐心、诚实和勇气。①

　　情感认知在现代教育教学中起着重要作用。实践智慧的首要功能在于协调具体情境下的各种德性，整合心智与德性的认知过程，并从理性与非理性、个人与整体角度更好地掌控复杂的教学情境，在过度与不及之间寻求一种"中道"选择。好的教师能在谦逊、节制和开放性的德性要素中找到平衡，放下自己的权威，培育适当的同理心来积极回应具体的教学内容和教学对象，允许学生独立自主地进行探索发现和信息交流。教学情境需要通过不同的方式实现各种"善"的目的。运用实践智慧，教学行为主体能够考察特定学生群体的需求，同时完成教学任务和学科训练。

　　第三，教育中的实践智慧要素能够突出科学知识中的社会文化视角。将"理解科学"作为一种出于兴趣爱好和理论探索的人类活动，它是当今主流文化和政治决策中的重要组成。杰伊·莱姆克（J. L. Lemke）认为随着实践智慧在科学理论与实践中的作用不断增强，科学的人文主

---

① CARR D. Character in Teaching［J］. British Journal of Educational Studies，2007，55（4）：369-389.

义价值会越来越得到显现。[①] 从科学教育的视角，阿特金（J. Myron At-kin）认为科学的人文主义和实践智慧维度会提升科学课程的相关性（relevance），尤其强化人类在科学技术发展史以及关键理论成果方面的先进性作用和脆弱性特征，同时也指出科学课程的社会文化功能在改善人类境况以及解决社会公正问题上发挥了重要作用。[②]

① LEMKE J L. Articulating Communities: Sociocultural Perspectives on Science Education [J]. Journal of Research in Science Teaching, 2001, 38 (3): 296-316.
② ATKIN J M. What Role for the Humanities in Science Education Research? [J]. Studies in Science Education, 2007, 43 (1): 62-87.

结　语

德性培育中实践智慧的当代建构

一、德性伦理教育需要实践智慧

实践智慧在今天来看是建立起德性教育理念与德性素养实践的一个桥梁，其不仅关涉个体德性的养成，而且是权衡社会正义行为的重要标准。实践智慧是德性、情感、实践三者的相互关联，是按照中道的标准进行合乎德性的实践活动，通过深思熟虑达到行为得好并进而实现生活得好的目标。在基于实践智慧养成个体良好德性行为的问题上，亚里士多德强调德性教育的重要性，即通过对不成文的风俗习惯的训导来培养个体行为习惯中的道德倾向。同时，道德培育也需要主体的道德自律，道德主体通过实践智慧实现情感、能力与欲望的协调与平衡，从而通过道德主体的自我约束获得自由的实践生活。

整体上看，当代西方德性伦理思想所呈现出的"现代性困境"主要表现为价值与事实相分离所产生的"善治而不善"的困境。一方面，"德性作为一个整体被分割成了能力与品德二者择一的境地"①，即就个

---

① 池忠军，赵红灿．善治的德性诉求 ［J］．道德与文明，2007（02）：88-92.

体而言"好生活"并不等同于道德生活，就社会共同体而言，追求权力与利益会违背承担责任与义务的初衷，从而忽视掉"向善"的道德指向。另一方面，善治在中文语境中应该解释为道德的治理。"利益"同"善"一样是一个价值命题，而现代意义上的利益被等同于人物质性的"功用"或"实用"。英文中的"good"将"道德的好"与"非道德的好"的含义区分开来，如果我们仅从英文的事实描述性去理解"良好的治理"就会丢失掉其中道德的意涵，道德价值也就不再伴随着内在利益而存在。一方面，作为个体德性，实践智慧协调并整合了具体情境、情感认知和审慎的判断力，并成为以适当的手段追求适当的目的的一种德性，并在社会实践中成为公民从事社会实践所必需的能力；另一方面，除了德性行为的养成与道德修养的提升之外，友爱和正义成为社会公德中实践智慧的必要基础。亚里士多德主张"人是政治的动物"，这表明社会公德素养离不开社会律法的有效实施以及公民积极参与各种社会事务。亚里士多德对作为社会公德的首要德性的正义做了广义的合法性与狭义的公正平等两种理解。正义作为制度的伦理体现，尤其体现在立法与裁决等制度实践活动中。在律法的制定与实施活动中，承载着公道的实践智慧发挥着非常重要的作用，通过公道目标的实现完成公道对律法的正义调节，最终使公道成为公民个体德性修养所应具备的一种品质。因此，从工具意义和价值意义两方面，通过对具备"善治古典形态"指向的亚里士多德伦理思想及其现实应用的解读，能够为摆脱德之善治的现代性困境寻求理论基础与培育途径。

　　现代人的实践智慧需要伦理化的德性成分。伦理道德的观念是历史发展实践的产物，离开了价值目的性，人仅仅以工具性存在而丧失了人之为人的本质。就个人而言，德性伦理教育是实现自我管理与自我价值的基础，将德性内化需要在社会实践中获得。就社会而言，国家治理以人民的共同利益为目标实现。治理向善核心在民，对共同善的传统表达要以人民的德性为归依，因此，在社会实践活动中运用实践智慧需要依靠理性进行审时度势，更需要借助情感的力量。习近平总书记指出："核心价值观，其实就是一种德，既是个人的德，也是一种大德，就是国家的德、社会的德。国无德不兴，人无德不立。"① 正义的行为需要依靠正义的德性，同时需要正义感的存在。借助情感关系的培养，能够激发人们社会活动的凝聚力与同理心，从而在共同的行为活动中凝聚核心价值并实现共同目标。

二、当代社会伦理治理需要实践智慧

正义与善德是社会伦理治理的理想与标准，正义作为社会主义的核心价值内涵之一，是个体自我实现与社会治理的重要目标。在亚里士多德那里，为幸福的谋划是善自身，它不以其他东西为目的，是内在的善或内在的价值。围绕实现人民幸福而美好生活的"善治"目标，从国家、社会、人民等多元治理主体的视角，亚里士多德基于实践智慧的德性伦理思想分析了古希腊城邦在个体修养与社会治理方面的理论与实践。作为德性的"领军者"，实践智慧不仅能够引导出良好的理性训练、德性导向以及审慎适度的判断力，同时能够为个人在社会中的自我实现创造价值。社会伦理治理意味着公民通过提升个人的德性修养，积极参与到社会实践活动当中；同时，国家通过良法之治，表达公平正义的伦理诉求，确立国家现代化治理的制度核心。

从"礼法合治"的角度来看，"善治"理论坚持依法治国与以德治国相结合。不同于西方的善治理念，中国"善治"的哲学内涵是基于

---

① 习近平. 习近平谈治国理政［M］. 北京：外文出版社，2014：168.

德性的再创造，强调德性对个人与社会的双重作用。一方面，要发挥道德的教化作用。道德习惯注重规范个人的行为举止，目的在于对相关违法行为进行预防。法律规则主要为对违法行为进行制裁，主要是进行一种事后对责任行为的规范。另一方面，要充分实现法律与道德的良性互动。通过法治体现道德理念并强化法律对道德建设的促进作用，通过德性培养正义精神并强化道德对法治文化的支撑作用，从而实现法律治理与伦理治理的相辅相成。

马克思坚信人是自由且理性的，国家治理的良序进行是为了实现每个人的自由发展。从本质上看，自治意味着自我管理，服从于自己的实践理性，这是比"不受约束"内涵更广泛的概念。社会伦理治理当中的"自治"不仅体现在要为他们所做的事情负责，还表现为要对他们所希望的事情负责。这是道德主体的核心，也是自治的核心。自治主体通过对自我完满的实践生活的理性思考，在恰当的自我认知以及中道的指导下，实现自治主体的善的生活。自治的价值就体现在美好且幸福的生活当中，是美好生活的必要组成部分。在自治活动中，即使人们可能犯错，也要允许他们发展出自己的实践智慧，尊重道德主体享有自我管理的权利。只有在实践中对错误重新认识，道德主体才能发展出"善"的愿景。只有公民不断地提高自我管理能力，更好地融入社会，在追求德性与积极参与社会实践生活中才能实现社会"善治"以及人类共同福祉，实现马克思所倡导的终极目标："每个人的自由发展是一切人的自由发展的条件。"

参考文献

一、中文文献

（一）译著

［1］巴恩斯. 剑桥亚里士多德研究指南［M］. 廖申白，等，译. 北京：北京师范大学出版社，2013.

［2］巴恩斯. 亚里士多德的世界［M］. 史正永，韩守利，译. 南京：译林出版社，2013.

［3］柏拉图. 柏拉图全集：第1卷［M］. 王晓朝，译. 北京：人民出版社，2011.

［4］柏拉图. 柏拉图全集：第2卷［M］. 王晓朝，译. 北京：人民出版社，2007.

［5］柏拉图. 理想国［M］. 郭斌和，张竹明，译. 北京：商务印书馆，1986.

［6］赫费. 实践哲学：亚里士多德模式［M］. 沈国琴，励洁丹，译. 杭州：浙江大学出版社，2011.

［7］赫费. 政治的正义性：法和国家批判哲学之基础［M］. 庞学铨，李张林，译. 上海：上海译文出版社，2005.

［8］黑格尔．哲学史讲演录：第2卷［M］．贺麟，王太庆，译．北京：商务印书馆，1997.

［9］罗尔斯．正义论［M］．何包钢，何怀宏，廖申白，译．北京：中国社会科学出版社，2009.

［10］罗素，诺维格．人工智能：一种现代方法（第二版）［M］．姜哲，等，译．北京：人民邮电出版社，2004.

［11］麦金泰尔．德性之后．［M］．龚群，等，译．北京：中国社会科学出版社，1995.

［12］苗力田．亚里士多德全集［M］．北京：中国人民大学出版社，1994.

［13］塞尔兹尼克．社群主义的说服力［M］．李清伟，译．上海：上海世纪出版集团，2009.

［14］色诺芬．回忆苏格拉底［M］．吴永泉，译．北京：商务印书馆，1984.

［15］汤姆森，米斯纳．亚里士多德［M］．张晓林，译．北京：中华书局，2014.

［16］希尔兹．古代哲学［M］．聂敏里，译．北京：中国人民大学出版社，2009.

［17］希尔兹．亚里士多德［M］．余永辉，译．北京：华夏出版社，2015.

［18］亚里士多德．尼各马可伦理学［M］．苗力田，译．北京：中国人民大学出版社，2003.

［19］亚里士多德．尼各马可伦理学［M］．廖申白，译．北京：商务印书馆，2003.

［20］亚里士多德．形而上学［M］．苗力田，译．北京：中国人民

大学出版社，2003.

[21] 亚里士多德.政治学 [M].吴寿彭，译.北京：商务印书馆，2010.

[22] 中共中央马克思恩格斯列宁斯大林著作编译局.马克思恩格斯选集：第1—4卷 [M].北京：人民出版社，1995.

（二）专著

[1] 邓小平.邓小平文选 [M].北京：人民出版社，2008.

[2] 龚群.现代伦理学 [M].北京：中国人民大学出版社，2010.

[3] 黄显中.公正德性论：亚里士多德公正思想研究 [M].北京：商务印书馆，2009.

[4] 贾谊.新书校注 [M].阎振益，钟夏，校注.北京：中华书局，2000.

[5] 李学勤.十三经注疏 [M].北京：北京大学出版社，1999.

[6] 刘丽.西方传统伦理：道德关系的演进逻辑与马克思的变革方式 [M].北京：中国社会科学出版社，2015.

[7] 刘乾先，张国昉，韩建立，等.韩非子译注 [M].哈尔滨：黑龙江人民出版社，2002.

[8] 刘宇.实践智慧的概念史研究 [M].重庆：重庆出版社，2013.

[9] 楼宇烈.老子道德经注校释 [M].北京：中华书局，2008.

[10] 罗念生，水建馥.古希腊语汉语词典 [M].北京：商务印书馆，2014.

[11] 苗力田.古希腊哲学 [M].北京：中国人民大学出版社，1989.

[12] 聂敏里.20世纪亚里士多德研究文选 [M].上海：华东师范大学出版社，2010.

［13］聂敏里.西方思想的起源：古希腊哲学史论［M］.北京：中国人民大学出版社，2017.

［14］任军峰.共和主义：古典与现代［M］.上海：上海人民出版社，2006.

［15］司马迁.史记［M］.韩兆琦，评注.长沙：岳麓书院，2011.

［16］宋希仁.西方伦理思想史［M］.2版.北京：中国人民大学出版社，2010.

［17］孙磊.自然与礼法：古希腊政治哲学研究［M］.上海：上海人民出版社，2015.

［18］汪子嵩，范明生，陈村富，等.希腊哲学史：第3卷：下［M］.北京：人民出版社，2003.

［19］汪子嵩.西方三大师：苏格拉底、柏拉图与亚里士多德［M］.北京：商务印书馆，2016.

［20］王安石.王安石文集［M］.沈阳：辽海出版社，2010.

［21］王国银.德性伦理研究［M］.长春：吉林人民出版社，2006.

［22］王国豫，刘则渊.科学技术伦理的跨文化对话［M］.北京：科学出版社，2009.

［23］习近平.习近平谈治国理政［M］.北京：外文出版社，2014.

［24］徐向东.美德伦理与道德要求［M］.南京：江苏人民出版社，2007.

［25］严群.亚里士多德之伦理思想［M］.北京：商务印书馆，2003.

［26］颜阙安.法与实践理性［M］.北京：中国政法大学出版社，2003.

［27］杨伯峻.论语译注［M］.北京：中华书局，1980.

［28］杨伯峻．孟子译注［M］．北京：中华书局，1962．

［29］杨天宇．礼记译注［M］．上海：上海古籍出版社，2004．

［30］叶秀山．永恒的活火：古希腊哲学新论［M］．广州：广州人民出版社，2007．

［31］余纪元．德性之镜：孔子与亚里士多德的伦理学［M］．林航，译．北京：中国人民大学出版社，2009．

［32］余纪元．亚里士多德伦理学［M］．北京：中国人民大学出版社，2011．

［33］俞可平．敬畏民意——中国的民主治理与政治改革［M］．北京：中央编译出版社，2012．

［34］俞可平．论国家治理的现代化［M］．北京：社会科学文献出版社，2014．

［35］俞可平．社群主义［M］．北京：中国社会科学出版社，1998．

［36］俞可平．治理与善治［M］．北京：社会科学文献出版社，2000．

［37］张立文．中国哲学史新编［M］．北京：中国人民大学出版社，2007．

［38］赵敦华．西方哲学简史［M］．北京：北京大学出版社，2001．

［39］朱熹．论语集注［M］．郭万金，编校．北京：商务印书馆，2015．

（三）期刊

［1］阿西洛马．人工智能原则：马斯克、戴米斯·阿萨比斯等确认的23个原则将使AI更安全和道德［J］．智能机器人，2017（1）．

［2］曹玉涛．交往视野中的技术正义［J］．哲学动态，2015（5）．

［3］陈玮．在个体善和城邦善之间：亚里士多德论伦理学和政治学［J］．浙江社会科学，2016（7）．

［4］池忠军，赵红灿．善治的德性诉求［J］．道德与文明，2007（2）．

［5］崔微．亚里士多德对苏格拉底"美德即知识"观点的扬弃［J］．哈尔滨学院学报，2010（1）．

［6］丁立群．亚里士多德实践哲学中的德性与实践智慧［J］．道德与文明，2012（5）．

［7］丁立群．亚里士多德实践智慧思想及其复兴［J］．世界哲学，2013（1）．

［8］杜海涛．从亚里士多德对人的两种规定来看正义思想［D］．兰州：西北师范大学，2015.

［9］方德志．德性复兴与道德教育：兼论亚里士多德的德性论对德性伦理复兴的启示要求［J］．伦理学研究，2010（3）．

［10］韩国庆．道德合理性的重建：麦金泰尔道德哲学研究［D］．上海：复旦大学，2012.

［11］郝亿春．柏拉图-亚里士多德的"双重正义"思想及其当代意义［J］．哲学动态，2017（5）．

［12］郝亿春．德性即知识：亚里士多德对"苏格拉底"问题的应答及其根底［J］．天津社会科学，2013（3）．

［13］何建华．公平正义：民生幸福的伦理基础［J］．浙江社会科学，2014（5）．

［14］何良安．论亚里士多德德性论与苏格拉底、柏拉图的差别

[J]. 湖南师范大学社会科学学报, 2014 (4).

[15] 何哲. "善治" 概念的核心要素分析: 一种经济方法的比较观点 [J]. 理论探讨, 2011 (5).

[16] 黄颂杰. 正义王国的理想: 柏拉图政治哲学评析 [J]. 现代哲学, 2005 (3).

[17] 黄显中. 公正的中间: 亚里士多德公正德性的中道秉性探究 [J]. 广东社会科学, 2007 (6).

[18] 李华荣. 技术正义论 [J]. 华北工学院学报 (社会科学版), 2002 (4).

[19] 李金鑫. "道德能力" 概念的知识谱系考察: 从亚里士多德、黑格尔到罗尔斯 [J]. 伦理学研究, 2011 (1).

[20] 李龙, 郑华. 善治新论 [J]. 河北法学, 2016 (11).

[21] 李培超. 环境伦理学的正义向度 [J]. 道德与文明, 2005 (5).

[22] 李鹏, 白琦瑞. 善与正义: 柏拉图的自然主义社会思想 [J]. 贵州社会科学, 2012 (10).

[23] 李鹏. 亚里士多德自然主义和谐社会思想分析 [J]. 道德与文明, 2014 (2).

[24] 李萍, 董建军. 德性法理学视野下的道德治理 [J]. 哲学研究, 2014 (8).

[25] 李义天. 欲望与实践智慧——从亚里士多德主义美德伦理学的视角看 [J]. 兰州学刊, 2017 (03).

[26] 理查德·卢德曼. 亚里士多德与政治判断力的复兴 [J]. 吕春颖, 译. 马克思主义与现实, 2013 (3).

[27] 廖申白. 德性的 "主体性" 与 "普遍性": 基于孔子和亚里

士多德的观点的一种探讨 [J]. 中国人民大学学报, 2011 (6).

[28] 廖申白. 论西方主流正义概念发展中的嬗变与综合 (下) [J]. 伦理学研究, 2003 (1).

[29] 廖申白. 亚里士多德的技艺概念: 图景与问题 [J]. 哲学研究, 2006 (1).

[30] 刘水静. 论亚里士多德正义论中的现代性因素: 以亚里士多德论正义美德的限度为中心 [J]. 南昌大学学报, 2011 (2).

[31] 刘宇. 亚里士多德实践智慧思想的起源和发展 [J]. 求是学刊, 2012 (5).

[32] 玛丽-克劳德·斯莫茨. 治理在国际关系中的正确运用 [J]. 国际社会科学 (中文版), 1999 (2).

[33] 孟伟. 德雷福斯的 "无表征智能" 及其挑战 [J]. 自然辩证法研究, 2012 (12).

[34] 齐昆鹏. 2017 人工智能: 技术、伦理与法律研讨会在京召开 [J]. 科学与社会, 2017, 7 (02).

[35] 邵华. 当代亚里士多德主义的复兴 [J]. 北京理工大学学报 (社会科学版), 2013 (15).

[36] 邵华. 亚里士多德论实践智慧的内涵 [J]. 武汉科技大学学报, 2011 (1).

[37] 沈国琴. 跨文化视野下的赫费道德哲学研究 [J]. 长春理工大学学报 (社会科学版), 2013 (2).

[38] 史洪飞, 李国俊, 王世恒. 从康德的 "法则" 到马克思的 "联合体": 良法与善治: 对党的十八届四中全会《决定》的哲学思考 [J]. 大庆社会科学, 2015 (1).

[39] 宋建丽. 多元文化境遇中的正义伦理: 一个公民资格的理论

视角 [J]. 理论探讨, 2007 (4).

[40] 宋执翔. 正义与善治: 亚里士多德政治哲学研究 [D]. 合肥: 安徽大学, 2013.

[41] 孙虎. 对苏格拉底疑难与亚里士多德关于不能自制的探讨 [J]. 赤峰学院学报 (汉文哲学社会科学版), 2014 (07).

[42] 孙晓敏. 亚里士多德政治思想研究 [D]. 大连: 大连理工大学, 2011.

[43] 陶涛. 亚里士多德论功能、幸福与美德 [J]. 伦理学研究, 2013 (6).

[44] 汪庆华, 郭钢. 俞可平与中国知识分子的善治话语 [J]. 公共管理学报, 2016 (1).

[45] 王利明. 法治: 良法与善治 [J]. 中国人民大学学报, 2015 (2).

[46] 王凌皞, Lawrence Solum. 美德法理学、新形式主义与法治: Lawrence Solum 教授访谈 [J]. 南京大学法律评论, 2010 (1).

[47] 王前, 李贤中. "格物致知" 新解 [J]. 文史哲, 2014 (6).

[48] 王前, 朱勤. "道" 与 "实践智慧": 技术发展模式的比较 [J]. 东北大学学报 (社会科学版), 2011 (4).

[49] 王岩. 公正是一切德性的总汇: 亚里士多德正义观探析 [J]. 江海学刊, 1996 (3).

[50] 王岩. 亚里士多德的政治正义观研究 [J]. 政治学研究, 2003 (3).

[51] 王永梅. 善治的理论溯源 [D]. 南京: 南京航空航天大学, 2015.

[52] 吴瑾菁. 论亚里士多德的德性主义教育观 [J]. 湖南社会科

学，2008（4）．

[53] 吴晨．善治的三维定位 [J]．华中科技大学学报（社会科学版），2015（2）．

[54] 熊节春．善治的伦理分析 [D]．长沙：中南大学，2011．

[55] 徐长福．实践智慧：是什么与为什么：对亚里士多德"实践智慧"概念的阐释 [J]．哲学动态，2005（4）．

[56] 姚大志．善治与合法性 [J]．中国人民大学学报，2015（1）．

[57] 姚站军，姚新良．亚里士多德公正伦理的"实践智慧"：正义的"城邦"与"个人"时代思辨 [J]．华中科技大学学报，2010（4）．

[58] 应奇，张小玲．迈向法治和商议的共和国：试析共和主义政治哲学的基本走向 [J]．社会科学战线，2006（3）．

[59] 俞可平．法治与善治 [J]．西南政法大学学报，2016（2）．

[60] 俞可平．治理与善治引论 [J]．马克思主义与现实，1999（5）．

[61] 原黎黎，王子彦．我国环境伦理学研究的历程与热点问题 [J]．南京林业大学学报（人文社会科学版），2018（3）．

[62] 张超．亚里士多德：实践理性与法 [J]．山东理工大学学报（社会科学版），2007（2）．

[63] 张盾．"道德政治"的奠基与古典自然法 [J]．中国人民大学学报，2013（4）．

[64] 张尚仁．《道德经》"善治"的社会管理论 [J]．思想战线，2012（2）．

[65] 赵猛．"美德即知识"：苏格拉底还是柏拉图？ [J]．世界哲学，2007（6）．

［66］周安平．"善治"是个什么概念：与俞可平先生商榷［J］．浙江社会科学，2015（9）．

［67］周安平．善治与法治关系的辨析：对当下认识误区的厘清［J］．法商研究，2015（4）．

［68］周鸿雁．论管理公正的概念［J］．湖北社会科学，2005（5）．

［69］朱葆伟．高技术的发展与社会公正［J］．天津社会科学，2007（1）．

［70］朱金凤．亚里士多德的"善治"思想及其对国家治理现代化的启示：基于亚里士多德《政治学》的分析［J］．改革与开放，2017（6）．

［71］朱清华．再论亚里士多德的实践智慧［J］．世界哲学，2014（6）．

［72］左高山，涂亦嘉．国家治理中的核心价值观与法治建设［J］．当代世界与社会主义，2017（4）．

［73］左高山．论国家治理中的国家理性及其问题［J］．马克思主义与现实，2014（6）．

（四）报纸

［1］陈来．论儒家的实践智慧［N］．文汇报，2016-09-30.

［2］李平．中国传统文化与"善治"理论创化［N］．检察日报，2019-03-30.

［3］刘诗瑶．人工智能或许会对法律规范、道德伦理等产生冲击：你会爱上机器人吗［N］．人民日报，2017-07-10（7）．

［4］刘毅．美丽中国　和谐共生［N］．人民日报，2017-10-21（11）．

[5] 习近平. 决胜全面建成小康社会 夺取新时代中国特色社会主义伟大胜利：在中国共产党第十九次全国人民代表大会上的报告 [N]. 人民日报，2017-10-28.

[6] 中办国办印发《关于进一步把社会主义核心价值观融入法治建设的指导意见》[N]. 人民日报，2016-12-26.

二、英文文献

（一）著作

[1] ANNAS J. Intelligent Virtue [M]. New York：Oxford University Press，2011.

[2] AQUINAS T, MCLNERNY R. Selected Writings [M]. New York：Penguin Classics，1999.

[3] ARENDT H. Men in Dark Times [M]. New York：Harcourt Brace Jovanovich，1968.

[4] ARISTOTLE. On Rhetoric：A Theory of Civic Discourse [M]. George A. Kennedy，trans. New York：Oxford University Press，2007.

[5] BARKER E. The Political Thought of Plato and Aristotle [M]. New Delhi：Isha Books，2013.

[6] CRISP R. Aristotle：Nicomachean Ethics [M]. Cambridge：Cambridge University Press，2004.

[7] GOODMAN L E, TALISSE R B. Aristotle's Politics Today [M]. Albany，NY：State University of New York Press，2007.

[8] INTEZARI A, PAULEEN D. Wisdom, Analytics and Wicked Problems——Integral Decision Making for the Data Age [M]. London and New

York: Routledge, 2019.

[9] KENNEDY I, GRUBB A. Medical Law: Texts and Materials [M]. 3rd ed. London: Butterworths, 2000.

[10] KINSELLA E A, PITMAN A. Phronesis as Professional Knowledge: Practical Wisdom in the Professions [M]. Rotterdam, NL: Sense Publishers, 2012.

[11] KRAMNICK I. Essays In the History of Political Thought [M]. Englewood Cliffs, New Jersey: Prentice-Hall, Inc., 1969.

[12] LEWIS C S. The Four Loves [M]. New York: Harcourt, Brace and Company, 1971.

[13] NUSSBAUM M. Frontiers of Justice [M]. Cambridge MA: Belknap Press, 2006.

[14] RORTY A O. Mind in Action [M]. Boston MA: Beacon Press, 1988.

[15] STACEY R D. Strategic Management and Organization Dynamics: The Challenge of Complexity [M] 3rd ed. Harlow, UK: Prentice Hall, 2002.

[16] THOMPSON M. Apprehending Human Form [M]. In: O'Hear A (ed) Modern moral philosophy. Cambridge: Cambridge University Press, 2004.

[17] YACK B. The Problems of a Political Animal: Community, Justice, and Conflict in Aristotelian Political Thought [M]. London: University of California Press, 1993.

（二）期刊

［1］ALLMARK P. An Argument for the Use of Aristotelian Method in Bioethics ［J］. Medicine, Health Care and Philosophy, 2006（9）.

［2］ANSCOMBE G E M. Modern Moral Philosophy ［J］. Originally published in Philosophy, 4 1958, 33（124）.

［3］BACHMANN C, HABISCH A, Dierksmeier C. Practical Wisdom: Management's No Longer Forgotten Virtue ［J］. Journal of Business Ethics, 2017（1）.

［4］BLOOMFIELD P. Virtue Epistemology and the Epistemology of Virtue ［J］. Philos Phenomenol Res, 2000（50）.

［5］CABANTOUS L, GOND J P. Rational Decision Making as Performative Praxis: Explaining Rationality's Eternal Retour ［J］. Organization Science, 2011: 22（3）.

［6］DEKKERS W, GORDIJN B. Practical Wisdom in Medicine and Health Care ［J］. Medicine, Health Care and Philosophy, 2007（10）.

［7］DREYFUS H. Intelligence Without Representation – Merleau – Ponty's critique of mental representation: The relevance of phenomenology to scientific explanation ［J］. Phenomenology and the Cognitive Science, 2002（1）.

［8］HACKER–WRIGHT J. Skill, Practical Wisdom, and Ethical Naturalism ［J］. Ethic Theory Moral Prac, 2015（18）.

［9］HOPE S. Neo–Aristotelian Social Justice: An Unanswered Question ［J］. Res Publica, 2013（19）.

［10］HURSTHOUSE R. After Hume's Justice ［J］. Proceedings of the

Aristotelian Society, 1991 (91) .

[11] MASON S, ALLMARK P. Obtaining Consent to Neonatal Randomised Controlled Trials: Interviews with Parents and Clinicians in the Euricon Study [J]. The Lancet , 2000, 356 (9247) .

[12] PROVIS C. Virtuous Decision Making for Business Ethics [J]. Journal of Business Ethics, 2010 (91) .

[13] ROTHSTEIN B, TEORELL J. Impartiality as a Basic Norm for the Quality of Government: A Reply to Francisco Longe and Graham Wilson [J]. Governance: An International Journal of Policy, Administration and Institution, 2008, 21 (2) .

[14] SMOUTS M－C. The Proper Use of Governance in International Relations [J]. International Social Science Journal, 1998 (155) .

[15] SOKOLOWSKI R. Friendship and Moral Action in Aristotle [J]. The Journal of Value Inquiry, 2001 (35) .

[16] SOLUM L. Virtue Jurisprudence: A Virtue－centered Theory of Judging [J]. Metaphilosophy, 2003 (34) .

[17] STERNBERG R J. A Balance Theory of Wisdom [J]. Review of General Psychology, 1998: 2 (4) .

[18] SWARTWOOD J. Wisdom as an Expert Skill [J]. Ethical Theory Moral Prac, 2013 (16) .

[19] TAKAHASHI M, OVERTON W F. Wisdom: A Culturally Inclusive Developmental Perspective [J]. International Journal of Behavioral Development, 2002 (26) .

[20] VANDERHEIDEN S. Allocating Ecological Space [J]. Journal of

Social Philosophy, 2009 (40).

[21] WALLACH J R. Contemporary Aristotelianism [J]. Political Theory, 1992, 20 (4).

[22] WIGGINS D. Neo-Aristotelian Reflections on Social Justice [J]. Mind, 2004 (113).

[23] WILLIAMS G. Responsibility as a Virtue [J]. Ethical Theory and Moral Practical, 2008 (11).